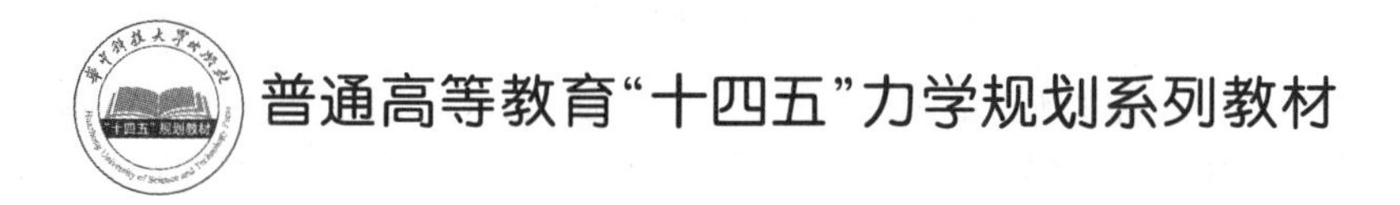

爆炸力学

段卫东　蒋　培　吴　亮　蔡路军　编著

华中科技大学出版社
中国·武汉

内容简介

本书是一本关于爆炸力学基本理论及其工程应用的教材，是根据高年级本科生和研究生人才培养目标，结合作者在爆炸力学领域的科研工作成果编写而成的。本书分为六章，主要内容包括爆炸力学的发展历史和应用，应力波的基本知识，炸药在空气、水和岩土中的爆炸理论及应用等。

本书是根据爆破专业的本科生、研究生的教学需要而编写的，也适合从事爆破理论研究和爆破工程作业的技术人员使用。

图书在版编目(CIP)数据

爆炸力学/段卫东等编著. —武汉：华中科技大学出版社，2023.9
ISBN 978-7-5680-9538-9

Ⅰ.①爆… Ⅱ.①段… Ⅲ.①爆炸力学 Ⅳ.①O38

中国国家版本馆 CIP 数据核字(2023)第 107378 号

爆炸力学
Baozha Lixue

段卫东 蒋 培 吴 亮 蔡路军 编著

策划编辑：余伯仲
责任编辑：程 青
封面设计：廖亚萍
责任监印：周治超
出版发行：华中科技大学出版社(中国·武汉) 电话：(027)81321913
武汉市东湖新技术开发区华工科技园 邮编：430223
录 排：武汉市洪山区佳年华文印部
印 刷：武汉市洪林印务有限公司
开 本：710mm×1000mm 1/16
印 张：11
字 数：221 千字
版 次：2023 年 9 月第 1 版第 1 次印刷
定 价：34.80 元

前　言

工程爆破在我国的水利、交通、冶金、采矿、石油开采等领域有着广泛的应用，我国有十几万从事爆破作业的工作人员，每年有几百万吨的民用爆破炸药消耗。几乎所有的爆破工程都涉及炸药的使用，良好的爆破效果是一切工程爆破追求的目标。

爆炸力学致力于研究爆炸中的力学问题。实际上炸药爆炸后对外界产生的抛掷、破碎、毁伤、压实等作用，基本上都是通过爆炸产生的冲击波和爆轰产物的膨胀对周围介质产生的冲击载荷的作用来实现的。所有的爆破作业，都涉及爆炸力学的知识，想要理解、解释爆破过程中出现的种种现象，解决爆破中出现的种种问题（根底、大块、过度破碎、飞石、爆破震动等），都要应用爆炸力学的知识。没有爆炸力学的基础，就不可能正确地进行爆破设计，也不可能对爆破工程中遇到的各种疑难问题提出解决思路和解决方案。因此，所有从事爆破作业的工作者，特别是技术人员，都必须掌握一定的爆炸力学的知识。

在20世纪80年代末，武汉科技大学（武汉钢铁学院）就成立了爆破专业，是全国最早成立爆破专业的院校之一。爆破专业成立之初，学校就将爆炸力学设立成主要的专业课。编者有着几十年本科生、研究生爆炸力学的教学经验，在教学的同时参与、主持过数十项土石方爆破、拆除爆破和特种爆破工程项目，具有深切的爆炸力学的教学和应用体会。

本书主要根据我们历年的教学讲义以及相关文献资料编写而成，主要内容分为六章。第1章简单介绍了爆炸力学的发展历程和应用；第2、3章介绍了一些应力波的基本知识，是爆炸波学习的基础；第4、5、6章分别介绍了炸药在空气中、水中和岩土中的爆炸理论及应用。第6章是本书的重点，岩土中的爆炸是爆炸力学在工程中应用最多的，在该章中我们从爆炸力学的角度诠释了不耦合装药、微差爆破、正反向起爆等的作用机理，可以为我们合理地使用这些爆破技术、做出正确的爆破设计提供理论依据。

本书具体撰写分工如下：第1～3章由段卫东撰写，第4～5章由蒋培撰写，第6章由吴亮撰写。全书由段卫东统稿。

本书是根据爆破专业的本科生、研究生的教学需要而编写的，也适合从事爆破理论研究和爆破工程作业的技术人员使用。

在本书的编写过程中，我们参考了国内外大量的相关文献和有关爆破工作者的成果，得到了武汉科技大学研究生院和理学院的大力支持，也得到了武汉科技大学理学院工程力学系主任的帮助，在此一并表示衷心的感谢！

由于编者的水平有限，书中难免有错误和不妥之处，诚恳地欢迎读者批评指正。

编　者

2023 年 1 月

目　　录

第1章　绪　　论

爆炸的效应多种多样，涵盖物理、力学、化学等多个学科领域，如果主要以力学的观点和方法来研究爆炸，则可称为"爆炸力学"。郑哲敏院士和朱兆祥教授提出："爆炸力学是力学的一个分支，是主要研究爆炸的发生和发展规律以及爆炸的力学效应的应用和防护的学科。"

爆炸力学从力学角度研究化学爆炸、核爆炸、电爆炸、粒子束爆炸（也称辐射爆炸）、高速碰撞等能量突然释放或急剧转化的过程，以及由此产生的强冲击波（又称激波）、高速流动、大变形和破坏、抛掷等效应。自然界的雷电、地震、火山爆发、陨石碰撞、星体爆炸等现象也可用爆炸力学方法来研究。

爆炸力学是流体力学、固体力学和物理学、化学之间的一门交叉学科，在武器研制、交通运输和水利建设、矿藏开发、机械加工、生产安全等方面有广泛的应用。

1.1　爆炸力学的发展历程

人们利用爆炸能为自己服务已经有很长的历史了，可以说从炸药发明以后就开始了。黑火药是我国古代四大发明之一。1980年，丁儆教授参加美国国际烟火技术会议（IPS），在会上作报告述及中国发明火药和烟火技术的事实，引起许多欧美学者的诧异，因为西方教材中都说火药是英国的罗吉·培根（Roger Bacon）发明的。为了纠正西方的错误，丁儆教授回国后进行了中国古代火药和爆炸方面历史的研究。研究表明，大约在公元8世纪（唐朝），中国就出现了火药的原始配方，在10世纪火药已应用于军事，北宋初官修的《武经总要》中记载了火炮、蒺藜火球和毒烟火球等几种实战武器的火药配方。宋代周密在《癸辛杂识》中记载了火药产生的爆炸事故："……守兵百人皆糜碎无余，楹栋悉寸裂，或为炮风扇至十余里外。"《宋史》记载元兵破静江时有："……娄乃令所部入拥一火炮燃之，声如雷霆，震城土皆崩，烟气涨天外，兵多惊死者。"火药的知识由阿拉伯人传入欧洲，直到13世纪，英国人罗吉·培根才研究火药的配方和应用，他的工作比中国人晚300～500年。之后丁儆教授先后在日本（1987年）和美国（1989年、1990年）及很多不同的场合宣讲我国古代的成就，以历史事实和科学态度，纠正了西方的错误观点，捍卫了我国古代文明的贡献。

尽管我国古代在爆炸领域做出过卓越的贡献，但是近代爆炸力学的基础是19

世纪以来由欧洲学者奠定的。17 世纪匈牙利开始有火药用于开矿的记载。19 世纪中叶开始，欧美各国大力发展铁路建设和采矿事业，大量使用黑火药，工程师们总结出工程爆破药量计算的许多经验公式。1846 年硝化甘油发明后，瑞典科学家诺贝尔制成了硝化甘油系列的几种混合炸药，并于 1865 年发明了雷管，实现了“爆轰”，开创了爆炸的新时期。随着两次世界大战以及爆炸的工业应用，爆炸力学的学科基础逐步形成。

英国工程师兰金和法国炮兵军官于戈尼奥研究了冲击波的性质，后者又完整地解决了冲击载荷下杆中弹性波传播问题。查普曼和儒盖(1899 年、1905 年)各自独立地创立了平稳自持爆轰理论，后者还写出第一本爆炸力学著作《炸药的力学》。

对爆炸力学的研究与对许多其他先进技术的研究一样，首先是出于军事的需要。在第一次和第二次世界大战中，高能炸药已经得到了广泛的使用，出现了飞机、大炮和坦克等多种先进武器。为了控制破片的大小和方向，提高炮弹、导弹的杀伤力，人们开始研究炸药对金属的破碎机理；为了提高穿甲弹、破甲弹的穿深和威力，提高坦克的防御能力，人们研究了炸药对金属的动力学作用原理。

第二次世界大战期间，爆炸的力学效应问题由于战时的需要引起许多著名科学家的重视。泰勒研究了炸药作用下弹壳的变形和飞散，并首先用不可压缩流体模型，研究了锥形罩空心药柱形成的金属射流及其对装甲的侵彻作用。泰勒、卡门、拉赫马图林各自独立建立了塑性波理论，发展了测定冲击载荷下材料的力学性能的方法。

泽利多维奇和诺依曼研究了爆轰波的内部结构，使爆轰理论得到巨大的发展。朗道和斯坦纽科维奇等研究了爆轰产物的状态方程，并推动了非定常气体动力学的发展。科克伍德等建立了水下爆炸波的传播理论。

原子武器的研制大大促进了凝聚态炸药爆轰、固体中的激波和高压状态方程以及强爆炸理论的研究。泰勒、诺伊曼和谢多夫各自建立了点源强爆炸的自模拟理论，以麦奎因为代表的美国科学家对固体材料在高压下的物理力学性能作了系统的研究。经过这一时期的工作，爆炸力学作为一门具有自己特点的学科终于形成。

当时这些研究都是秘密进行的，且由于当时科技条件的限制，开始时人们对炸药在高温、高压、高速下对金属的动态作用过程和行为的研究进展得很缓慢。爆炸力学真正独立成为一门学科，还是近六七十年的事。随着科学技术的发展，特别是 X 光摄影技术、高速摄影技术、瞬态示波器、计算机等先进仪器的出现，为爆炸力学的研究提供了极其有利的条件，通过这些技术和仪器设备，人们可以观察、记录爆炸作用下介质材料内部和外部的变化情况。X 光摄影机可以记录固体介质材料

(如金属、岩石、混凝土等)在爆炸作用下内部裂纹发展和破坏的情况。高速摄影机可以在炸药爆炸整个过程中记录爆炸作用下介质材料(固体、液体)的运动和外部破坏情况。目前好的高速相机可实现千万帧/秒的摄影速度,甚至有报道称美国麻省理工学院研究出了万亿帧/秒的高速摄影装置,可以记录光的瞬间运动轨迹。示波器可以记录某一观察点在爆炸作用下瞬间的压力、速度、温度等的变化历程,目前好的示波器可以记录纳秒(10^{-9} s)甚至飞秒(10^{-15} s)量级发生的变化。计算机的出现,使人们可以快速地分析和处理大量的实验数据,并利用计算机对各种爆炸现象进行模拟和数值计算。大量的第一手资料,使爆炸力学很快发展和充实起来。

第二次世界大战后,核武器和常规武器的效应及其防护措施的研究继续有所发展。同时炸药在民用方面的应用越来越广泛,人们除了使用炸药进行传统的开山炸石、采矿、采煤、筑路、修坝外,还应用炸药进行爆炸焊接、爆炸切割、爆炸成形、爆炸合成和定向爆破。特别是第二次世界大战以后,出现了大量需要拆除的危旧楼房,这使定向爆破技术迅速发展起来。与这些新技术发展相适应,爆炸力学也发展成为包括爆轰学、冲击波理论、应力波理论、材料动力学、空中爆炸和水中爆炸力学、高速碰撞动力学(包括穿甲力学、终点弹道学)、粒子束高能量密度动力学、爆破工程力学、爆炸工艺力学、爆炸结构动力学、计算爆炸力学、瞬态力学测量技术等分支学科和研究领域的一门学科。

1.2 爆炸力学的研究内容和应用

爆炸力学的一个基本特点是研究高功率密度能量的转化过程,大量能量通过高速的波动来传递,历时特短,强度特大。另外,爆炸力学中的研究内容,常需要考虑力学因素和化学物理因素的耦合、流体特性和固体特性的耦合、载荷和介质的耦合等。因此,多学科的渗透和结合成为爆炸力学的一个重要特点。

爆炸力学研究促进了流体和固体介质中的冲击波理论、流体弹塑性理论、黏塑性固体动力学的发展。爆炸在固体中产生的高应变率、大变形、高压和热效应等推动了凝聚态物质高压状态方程、非线性本构关系、动态断裂理论和热塑不稳定性理论的研究。爆炸瞬变过程的研究则推动了各种快速采样实验技术,包括高速摄影、脉冲X射线照相、瞬态波形记录和数据处理技术的发展。爆炸力学还促进了二维、三维和具有各种分界面的非定常计算力学的发展。

爆炸力学在军事科学技术中起重要作用。在发展核武器、进行核试验、研究核爆炸防护措施方面,爆炸力学是重要工具。在各种常规武器弹药的研制、防御方面,炸药爆轰理论、应力波传播理论和材料的动态特性理论等都是基础理论。激光武器和粒子束武器也需要从爆炸力学的角度进行研制，爆炸力学研究还可为航天工程提供多种轻便可靠的控制装置。爆炸力学实验技术（如冲击波高压技术）为冲击载荷下材料力学性能的研究提供了方法和工具。

在矿业、水利和交通运输建设工程中，用炸药爆破岩石（爆破工程）是必不可少的传统方法。随着爆破技术和爆破器材的发展，现在光面爆破、预裂爆破和逐孔爆破应用日益广泛。在城市改造、国土整治中，控制爆破技术更是十分重要。爆炸在机械加工方面也有广泛应用，如爆炸成形、爆炸焊接、爆炸合成金刚石、爆炸硬化等。

目前全世界每年消耗几千万吨炸药，我国每年炸药的消耗量也有几百万吨之巨，80%以上都是民用消耗。工程爆破的规模小到几毫克、大到万吨级的都有。如20世纪80年代西安204研究所和西安中心医院合作研究用炸药碎石治疗膀胱结石的方法，用药量一般在2～20 mg，1992年12月28日珠海大爆破的总装药量达到1.2万吨，爆破总方量达1085.2万立方米。进行如此大规模的爆破，需要复杂的爆破设计和高难度的施工技术，仅靠经验是不行的。这就要求我们对炸药爆炸作用下介质的动力学性质足够了解和掌握，事先要进行精确的计算和设计（当然这里所说的精确是相对要求来说的，并不是绝对精确），要求我们研究爆炸在除金属以外的一般介质中的传播和作用机理。而我们所要学习的爆炸力学方面的知识，侧重于民用爆破理论的研究学习，主要是学习炸药爆炸后，其爆炸波在空气、岩石、土、混凝土、水等中的传播和作用机理。

爆炸力学是一门交叉学科，它涉及流体动力学、气体动力学、固体力学、物理学和化学动力学等多学科的知识。通过爆炸力学的学习，刚开始从事爆破作业的技术人员可以掌握一般爆破设计的理论依据，积累一定的实际工作经验后，能独立地进行爆破工程设计，对爆破过程中出现的一些问题和现象有正确的理解，知道怎样解决。

爆炸现象十分复杂，研究爆炸力学并不要求精确描述所有因素，抓住主要矛盾进行实验和建立简化模型即可，特别是运用和发展各种相似律或模型律，具有重要意义。

爆炸力学近几十年来虽然发展很快，但它还不能算是一门成熟的学科。爆炸力学中的许多问题还存在争议，各有各的一套理论和数据、公式。其中许多公式不是纯理论推导的，而是建立在实验之上的经验和半经验公式。因为以实验为基础，且各自的实验条件不同，再加上爆炸本身具有一定的不确定性，所以各人得出的数据不尽相同，同一个参数具有不同的公式表达形式。这些公式都有各自的使用条件，无所谓对错。希望我们在学习爆炸力学，掌握一些爆炸力学的理论和研究方法后,能根据自己的实验数据建立一套适合我国地质条件或适合各种特殊地质条件的公式。

炸药爆炸后,爆炸作用是以爆炸波的形式在介质中传播的,因此在介绍爆炸对介质的作用之前有必要先介绍应力波的基本知识。

思 考 题

1. 爆炸力学是如何定义的?
2. 我国对爆炸力学研究的贡献是什么?
3. 爆炸力学的研究内容是什么?
4. 爆炸力学的研究和其他学科的发展有何关系?

参考文献

恽寿榕,赵衡阳.爆炸力学[M].北京:国防工业出版社,2005.

第2章　固体中的应力波理论

固体中的应力波理论主要研究当固体物质突然受到冲击载荷的作用时，其内部应力、应变的变化情况。材料受到冲击载荷的例子很多，如炸药的爆炸作用，子弹、汽车的高速碰撞等，甚至日常生活中用锤子击打钉子时锤子与钉子的作用，飞掷石块时石块与接触物的作用等都属于冲击载荷，只是载荷强度小些而已。

2.1　概述

物体在冲击载荷的作用下，材料内部的运动、变形和断裂机理与静态实验的结果有很大区别。静力学理论所研究的是处于静态平衡状态下的固体介质的力学性能。常规静态实验中载荷随时间的变化不显著，材料的应变率（$\partial\varepsilon/\partial t$ 或$\partial F/\partial t$）一般在 $10^{-5}\sim10^{-1}$/s 量级。这时可以忽略介质微元的惯性。以前我们在普通物理、材料力学、弹性力学、理论力学等学科中所接触的力学问题都属于静力学的范畴，它们在处理问题时都不考虑介质微元的惯性，不考虑材料内部状态随时间变化的情况。

而当物体受到冲击载荷作用时，情况就不同了。冲击载荷的特征就是历时短，也就是说冲击载荷的作用时间很短，它使物体的运动参数在毫秒、微秒，甚至皮秒的短暂时间内就发生了显著的变化。例如，子弹以 100～1000 m/s 的速度打在靶板上，炸药与固体物体接触爆炸，在几微秒、十几微秒的时间内，压力就从一个大气压升高到十几、几十万个大气压，此时，材料的应变率一般在 $10^2\sim10^5$/s，有时甚至高达 10^7/s，比静态情况下高得多。在这样的动载荷作用下，介质微元所受的力处于随时间迅速变化的动态过程，因此就要考虑介质微元的惯性。大量的实验表明，在应变率不同时，材料的力学性能也往往不同。通常表现为随着应变率的提高，材料的屈服极限提高（$\sigma_s\uparrow$），强度极限提高（$\sigma_b\uparrow$），延伸率降低（$\delta\downarrow$），屈服滞后和断裂滞后等现象变得明显起来。一个原因是介质质点的惯性作用，另一个重要原因就是材料的本构关系和应变率有关。从热力学角度来讲，静态条件下，应力、应变关系接近于等温过程，而高应变率条件下的动态应力、应变关系接近绝热过程，为了研究冲击载荷作用下力的作用过程，需要研究应力波。

事实上，当外载荷作用于固体介质某部分时，如图 2.1 所示，一开始只有直接受到外载荷作用的那部分介质质点离开了初始位置，远离外载荷作用点的材料其他部分的介质质点由于惯性的作用仍位于原来的位置,并没有运动。因为初始质点的运动,其与相邻介质质点之间发生了位移,这部分介质质点会受到相邻介质质点施加的作用力,同时也给相邻介质质点施加反作用力,从而使它们也离开初始位置而运动起来。依此类推,外载荷所引起的扰动就这样由近及远地传播出去,形成了所谓的应力波。

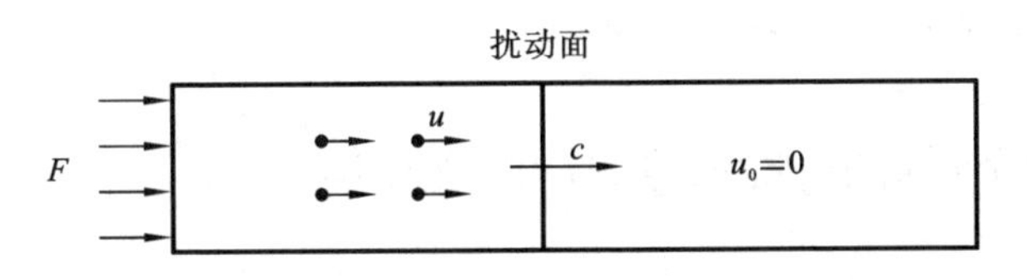

图 2.1　应力波传播示意图

我们将扰动区域和未扰动区域的分界面称为波阵面,扰动的传播速度称为波速。一般常见固体材料的波速在 $10^2 \sim 10^3$ m/s 量级,例如,钢的波速是 8300 m/s,有机玻璃的波速是 2600 m/s。在学习应力波时,我们应该注意区分波速和质点速度两个不同的概念。波速(c)是指扰动的传播速度,而质点速度(u)则是介质质点本身的运动速度。u 一般比 c 小得多。

如果由扰动引起的介质质点的运动速度的方向与波速 c 的传播方向一致,则把这种扰动波称为纵波;如果由扰动引起的介质质点的速度方向与波速 c 垂直,则这种扰动波称为横波或剪切波。

如图 2.2 所示,对图中的圆杆,突然施加一个图示方向的扭转冲击力,所产生的应力波(扰动)是沿轴向传播的,即 c 沿轴向,而介质质点却沿圆周的切向运动,就形成了一个横波。

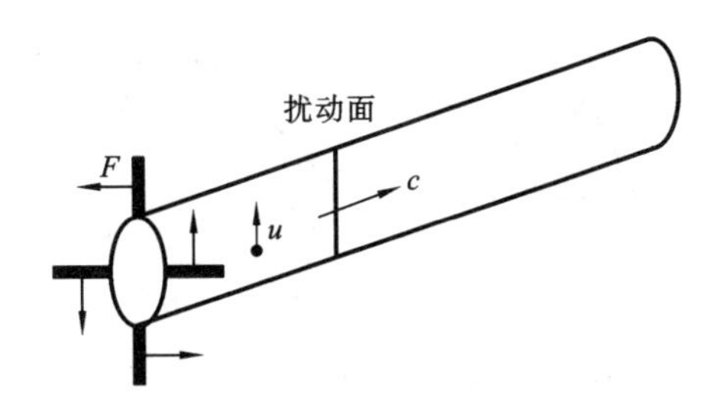

图 2.2　横波形成示意图

一切固体都具有惯性和可变形性,当受到随时间变化的外载荷作用时,它的运动过程是一个应力或应变的传播和相互作用过程,在静力学中由于载荷随时间的变化比较缓慢,因此可忽略或没有必要考虑在达到静力平衡前应力波的传播和相互作用。在冲击载荷作用下,由于在与应力波传过物体长度所需的时间相比是同量级或更低量级的时间尺度上，载荷已经发生了显著变化，甚至已经作用完毕，因此在研究这种载荷作用下物体的运动情况时，就必须考虑应力波的传播过程。

人们对应力波的研究已经有一百多年的历史，由线弹性波发展到大变形非弹性波，由低压的弹性波和极高压的流体应力波发展到弹塑性和黏塑性波，由单纯波发展到复合波，由连续波发展到具有多阶间断的奇异面波，如冲击波和加速波等。在这里我们只简单介绍一些线弹性波和冲击波的知识。

2.2 无限介质中的瞬间弹性平面波的特性

按照波阵面的形状，可以将应力波分为平面波、球面波、柱面波等。顾名思义，平面波也就是说波阵面是一个平面。在实际形成的应力波中，平面波是很少的，但如果我们的观察区距离扰动源很远，而我们的研究范围又不大，此时，不管初始波是什么形状，我们都可以将它当作平面波来处理。

2.2.1 弹性平面波的特性

应力波中应力的分布取决于扰动源，也就是取决于冲击载荷的性质，图 2.3 列举了几种瞬间应力波的形式。其中纵坐标表示压应力，横坐标表示距离。

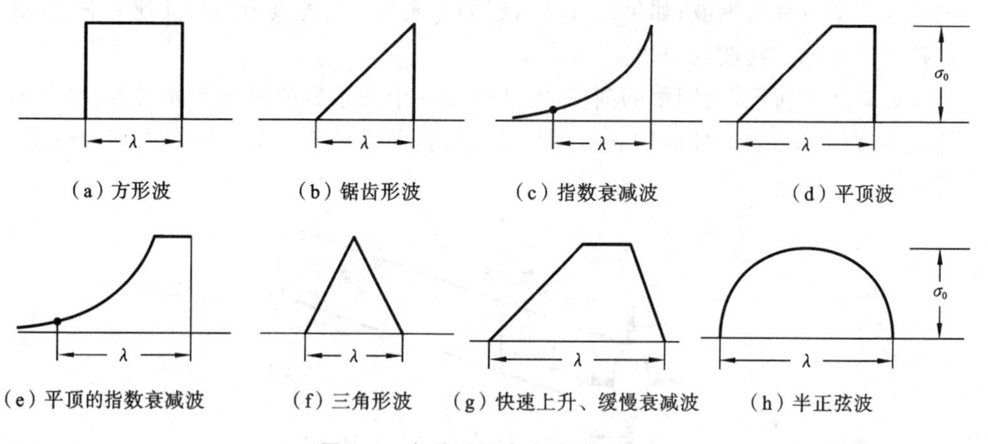

图 2.3 各种瞬间应力波的形式

根据材料的运动方程和弹性材料的应力应变关系，我们可以推导出弹性纵波和弹性横波的运动速度（由于侧重点的关系，对于推导过程在此不作详细介绍）：

在介质材料中传播的弹性纵波的运动速度为

$$c_1=\sqrt{\frac{\lambda+2G}{\rho}} \tag{2.1}$$

在介质材料中传播的弹性横波的运动速度为

$$c_2=\sqrt{\frac{G}{\rho}} \tag{2.2}$$

式中：λ、G 为拉梅参量（Lamé parameters），G 为剪切模量，$\lambda=E\nu/(1+\nu)(1-2\nu)$，$E$ 为弹性模量，ν 为泊松比。

从弹性应力波的波速表达式可以看出：① 弹性纵波与弹性横波的传播速度不同；② 弹性应力波的波速是由材料的性质决定的，与外载荷的强度无关，也就是说对于给定的材料，弹性应力波的速度是给定的，并不随外载荷的变化而变化。

一般来说，应力波在介质中传播时，能量是有损失的。例如，冲击载荷所产生的突然扰动在持续一段时间、运动一段距离后就减弱了。所以应力波的波形在运动过程中随时间和距离也在发生着变化。

但当一个弹性平面波在介质材料中传播时，如果忽略材料的黏性、内摩擦，弹性平面波在传播过程中能量没有损失，也就是说弹性平面波不管传播到介质材料的哪个部分，其应力和传播速度都不变。这是弹性平面波的很重要和独特的性质。

如图 2.4 所示，在 t_1 时刻，一个指数衰减的弹性平面纵波在 a、b、c 处的应力为 σ_1、σ_2、σ_3，a、b、c 之间的距离分别为 $\lambda/4$ 和 λ，经过一段时间 Δt 以后，应力波到达介质材料的另一处，则 a、b、c 的运动距离皆为 $c_1\times\Delta t$，a'、b'、c' 处的应力仍为 σ_1、σ_2、σ_3，应力波的形状不变。

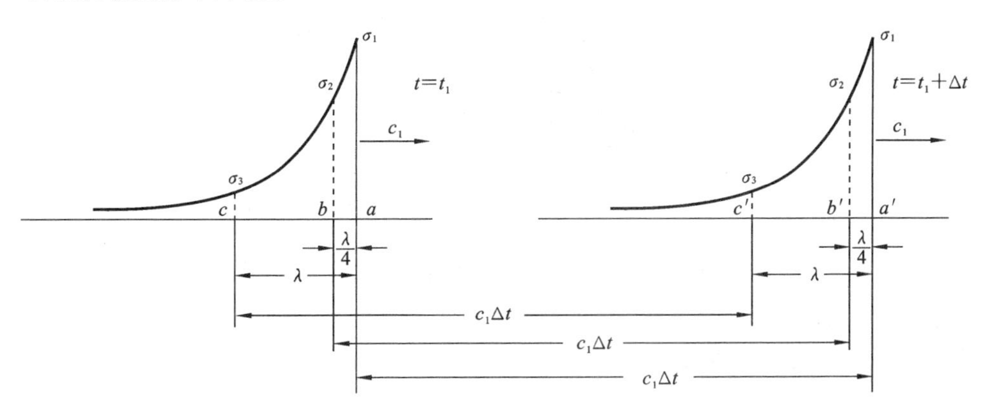

图 2.4　不同时刻指数衰减弹性平面波的应力状态

2.2.2　波的行进的描述

在应力波的运动过程中，通常用变形状态的前进速率来描述弹性平面波，如图 2.5 所示。这种描述以横坐标表示距离，纵坐标表示时间。这种描述法又称为拉格朗日算子图解法，每根线的梯度为 $1/c_1$。

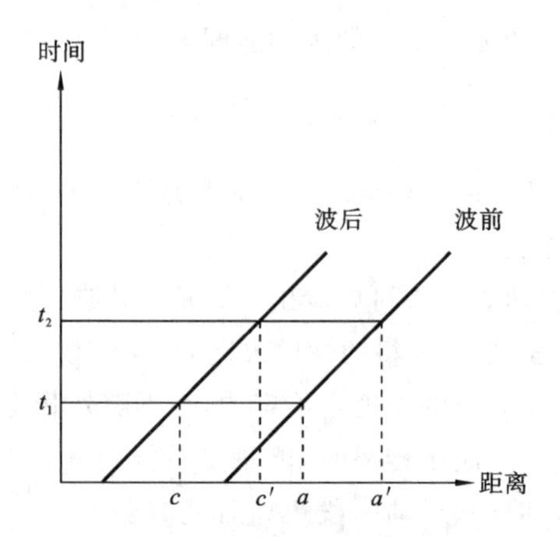

图 2.5　波行进的拉格朗日描述

用这种方法表示发源于同一点的纵波(又称膨胀波)与横波(又称畸变波),如图 2.6 所示,从图中可以看出,随着时间的延长,纵波与横波的距离越来越大。

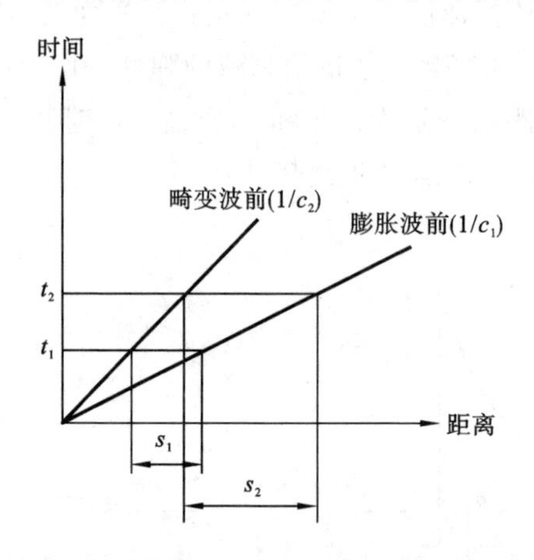

图 2.6　同源产生的膨胀波、畸变波波阵面随时间的变化情况

2.2.3　质点速度的概念

当瞬间应力波通过时,材料内部质点发生运动,变形不断变化的性质是通过材料内部质点的运动来实现的。在弹性体中,应力波中任意点的质点速度与该点的即时应力成线性关系。

如图 2.7 所示,假定对于平面膨胀波的一点(可能是锯齿波的 b 点),它在 $t=t_1$ 时刻运动到 MN 位置,在 $t=t_1+\Delta t$ 时,运动到 PQ 位置,$\Delta t\to 0$ 时,我们认为 MN 与 PQ 所包围的材料的应力水平均为 σ_x,由于应力的不平衡,这部分材料在

Δt 时间内所获的冲量为 $\sigma_x \cdot s \cdot \Delta t$。

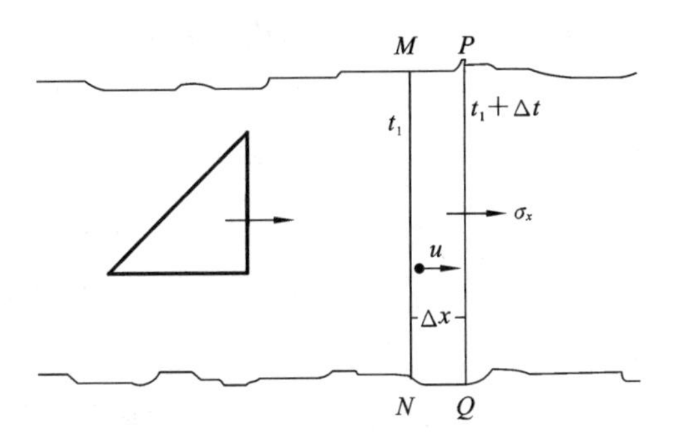

图 2.7　应力波作用下介质质点运动速度

由牛顿第二运动定律可知，介质微元所获得的冲量应等于微元动量的变化量，即

$$\sigma_x s \Delta t = \rho s \Delta x \Delta u = \rho s \Delta t c_1 \Delta u \tag{2.3}$$

式中：s 为微元体截面面积；ρ 为介质材料密度；u 为质点运动速度。

由式(2.3)可得：$\sigma_x = \rho c_1 \Delta u$。

若 $u_0 = 0$，则 $\Delta u = u$，故

$$u_x = \frac{\sigma_x}{\rho c_1} \tag{2.4}$$

这就是应力波通过介质时，材料质点所获得的运动速度。对于膨胀波，u_x 的方向与应力波的运动方向在同一条轴线上。

对于剪切波，同样可以证明，有：

$$\tau_{yz} = \rho c_2 V_y \tag{2.5}$$

V_y 垂直于波的运动方向。

但必须特别指出，以上应力波作用下介质质点的运动速度的计算公式仅适用于单个波作用的情况，两个或多个波叠加时，应该考虑波的传播方向，不能简单地套用公式。

从介质质点的运动速度公式可以看出，质点速度与应力成线性关系，比例常数 ρc 为材料密度与波速的乘积。ρc 一般称为材料的声阻抗，也是由材料本身决定的材料常数。

2.2.4　位移的概念

一个瞬间弹性平面应力波经过一种材料后，一般会在材料中留下一个永久性的位移。这明显不同于在平衡位置的往复运动，材料在平衡位置往复运动时，运动

停止后，质点仍回到原来位置，不产生永久性位移。但瞬间弹性平面应力波的作用不同，当瞬间弹性应力波到达物体中一点时，该点突然开始运动，在应力波通过后，该介质质点就在一种无应力状态下停下来。邻近介质质点之间不存在位移，但在这期间，在应力波的通道上，每一点都永久性地移动了。移动距离为

$$d=\int_0^T u(t)\mathrm{d}t=[1/(\rho c)]\int_0^T \sigma_x(t)\mathrm{d}t \tag{2.6}$$

式中：$u(t)$、$\sigma_x(t)$为质点速度、应力在瞬间弹性应力波中的分布；T为应力波的持续时间。

如图 2.8 所示，当一个锯齿形应力波在介质中传播时，在波通过 a、b、c 后，a、b、c 就移动到了 a'、b'、c'处，$ab=a'b'$、$bc=b'c'$，波正通过 d 点，$cd>c'd'$，波还没有到达 e 点，e 点处在原来位置，没有移动。

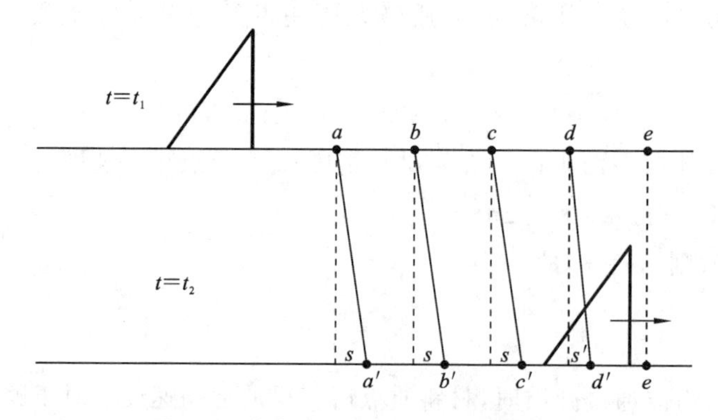

图 2.8　应力波作用下介质质点的位移

我们来分析将一点的位移作为时间的函数，几种不同的瞬间应力波通过时位移随时间的变化情况。

对于方形波：

$$d=\int_0^T u(t)\mathrm{d}t=\int_0^T u_0\mathrm{d}t=u_0 T \tag{2.7}$$

式中：$u_0=\sigma_0/(\rho c_1)$。

对锯齿形波：

$$d=\int_0^T u(t)\mathrm{d}t=u_0 T-\frac{1}{2}u_0 T=\frac{1}{2}u_0 T \tag{2.8}$$

式中：$u(t)=\sigma(t)/(\rho c_1)=\left(1-\dfrac{t}{T}\right)\sigma_0/(\rho c_1)=\left(1-\dfrac{t}{T}\right)u_0$；$u_0=\sigma_0/(\rho c_1)$。

2.2.5　动量含量

如果介质材料原来是静止的，即 $u_0=0$，那么介质中的任意点，在瞬间应力波

到达之前没有运动，在瞬间应力波过后仍回复到静止状态，只有在应力波通过的瞬间才产生运动。这就是说弹性平面应力波的能量和动量全都包含在应力波中，在应力波的运动过程中没有损失。

我们来考察应力波中所含有的动量，将厚度无穷小的应力波单元中包含在单位面积上的动量记为 dM，如图 2.9 所示，则：

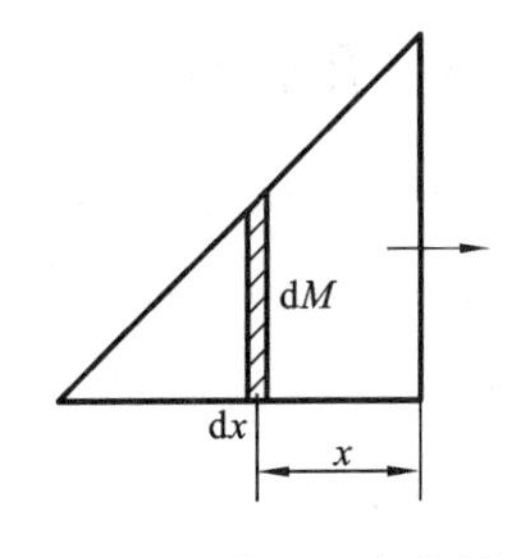

图 2.9 单位面积能量

$$\mathrm{d}M=\rho u(x)\mathrm{d}x \tag{2.9}$$

那么，单位面积上波的总动量为 M：

$$M=\int_0^\lambda \mathrm{d}M=\int_0^\lambda \rho u(x)\mathrm{d}x=\int_0^\lambda \left(\frac{1}{c}\right)\sigma(x)\mathrm{d}x \tag{2.10}$$

式中：λ 为波的总长度，即波长。从式(2.10)中还可以得到其他关系式，如：

$$\sigma_x=\frac{c\mathrm{d}M}{\mathrm{d}x} \tag{2.11}$$

2.3 无限介质中的球面与柱面弹性波

平面波的波阵面为一平面，同一平面上的应力、质点运动速度、应力波的运动速度等皆相同，研究起来最为简单。但实际材料受到冲击载荷作用时，产生平面波的可能性极小，实际生产中由爆炸和高度集中的冲击产生的应力波，基本上都是非平面波，因此对非平面波进行研究具有很大的实用价值。非平面波的形状多样，其中比较规则、常用的有球面波和柱面波。集中装药爆炸在介质中形成的是球面波，条形装药爆炸在介质中形成的是近似柱面波。球面波和柱面波与平面波的不同在于球面波与柱面波在传播过程中，波的形状、波中的应力与质点运动速度的分布都要发生变化，一个压缩输入脉冲会迅速地发展成拉伸应力。研究表明球面波的波前应力或质点速度以 $1/r$ 的比率衰减，柱面波的衰减比率为 $1/\sqrt{r}$，其中 r 为考察点与扰动源的距离。

但非平面波与平面波并非完全没有联系，当我们要考察的区域距扰动源较远，所考察的范围不大时，可以将球面波或柱面波近似当作平面波处理，在工程上不会出现大的误差。

非平面波的使用价值虽然很大，但遗憾的是非平面波的波动方程求解比较复杂，因为时间的关系，我们在本节的学习中就不定量地研究球面波与柱面波的计算问题，只定性地了解球面波和柱面波作用下应力的变化情况。

2.3.1 在球形空洞中爆炸的应力变化

如图 2.10 所示,一半径为 a 的空腔,在 $t=0$ 时刻突然在各个方向同时受到一冲击载荷的作用,如果载荷的强度在弹性范围内,则一个弹性球面波会在介质中传播。

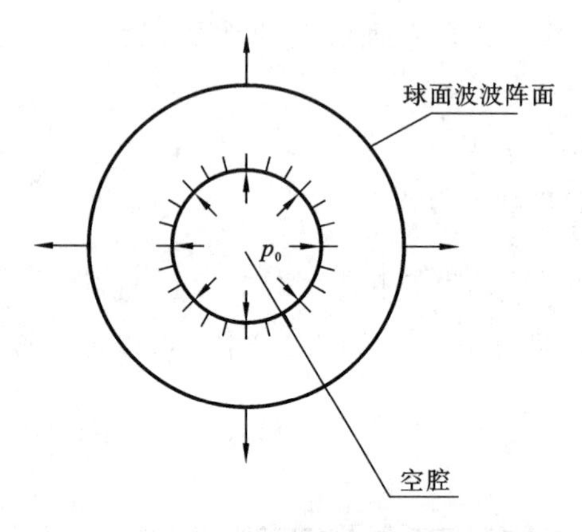

图 2.10 弹性球面波产生及传播示意图

这与球形装药爆炸产生的压力脉冲在球壳的表面迅速地突然升到高压 p_0,然后按指数规律衰减类似,用公式表达就是

$$\begin{cases} p=0, & t<0 \\ p=p_0 e^{-\alpha t}, & t\geqslant 0 \end{cases} \tag{2.12}$$

式中:α 为时间衰减常数。

根据球面波的波动方程可以推出,球面波在球壳处的径向应力 σ_r 和切向应力 σ_θ 为

$$\begin{cases} \sigma_r=p_0 \\ \sigma_\theta=\lambda p_0/(\lambda+2G) \end{cases} \tag{2.13}$$

球面波运动到任一点时的初始应力为

$$\begin{cases} \sigma_r=p_0 a/r \\ \sigma_\theta=\lambda p_0 a/[(\lambda+2G)r] \end{cases} \tag{2.14}$$

式中:a 为空腔半径;r 为应力波前距空腔中心的距离。

在球面波作用下,介质材料是否发生破坏,关键是看应力波作用下最大的径向应力、切向应力和最大剪切应力的大小。下面我们来研究球面波通过前后,介质材料中不同的点处应力的变化情况。如图 2.11 所示,对于球面波作用下介质材料中径向应力、切向应力与最大剪切应力随时间的变化情况,选择 $r=a$、$r=2a$、$r/a=\infty$ 处

的应力变化情况来描述。

初始条件是 $p(a,t)=p_0$，即在球表面处压力保持不变，也就是说 $\alpha=0$。

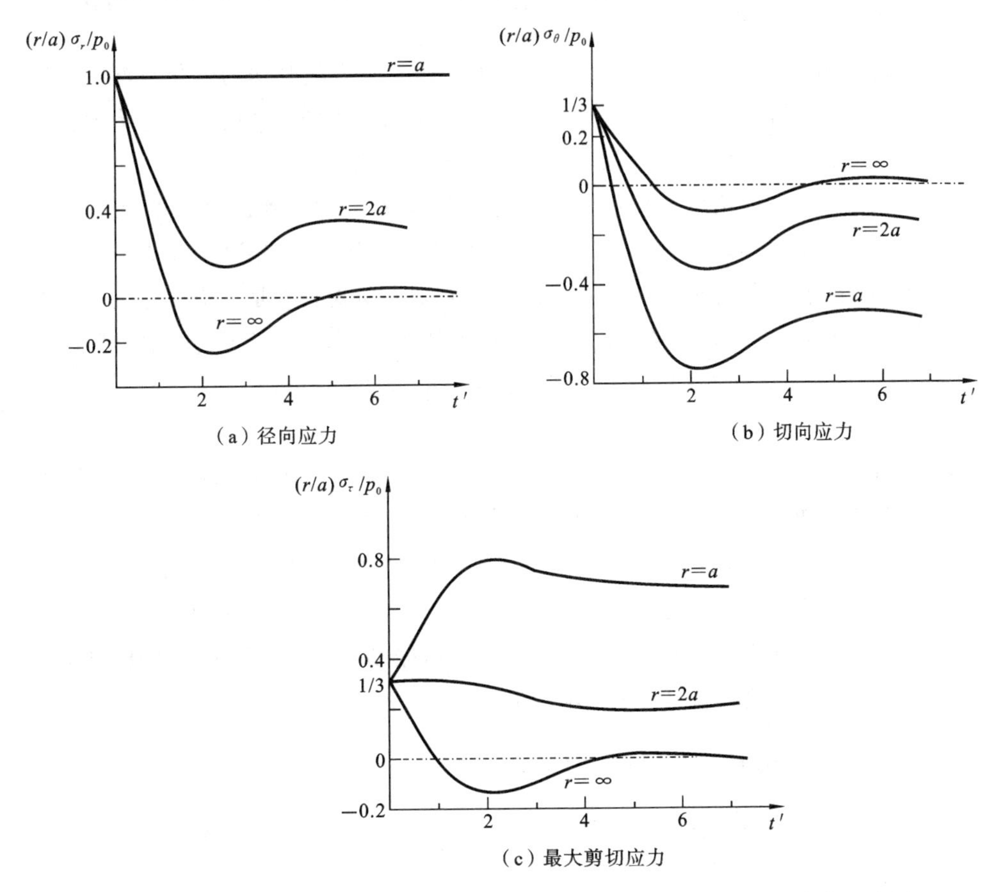

（a）径向应力　　（b）切向应力

（c）最大剪切应力

图 2.11　在 $r=a$ 的球形空洞产生的球面膨胀波作用下介质中的应力变化示意图

为了进行比较，图中横坐标和纵坐标都采用无量纲量。横坐标为 $t'=ct/a-(r-a)/a$，纵坐标分别为 $(r/a)\sigma_r/p_0$、$(r/a)\sigma_\theta/p_0$、$(r/a)\sigma_\tau/p_0$。其中：σ_r 为径向应力；σ_θ 为切向应力；σ_τ 为最大剪切应力。

从图 2.11(a)中可以看出，在 $r=a$ 处，由于一直受外力作用，径向应力一直维持在 $\sigma_{ra}=p_0$，不随时间变化；在 $r=2a$ 处，径向应力在应力波到达的瞬间达到最大值，然后随时间迅速下降，在某一时间下降到最小，然后略有回升，最后趋于一个稳定值，但其应力值始终为压应力；对于无穷远点 $r/a=\infty$，径向应力也在应力波到达的瞬间达到最大，然后随时间迅速下降，由压应力变为拉应力，在某一时刻达到最大拉应力，最后恢复到零值附近。

径向应力的这种变化情况是由质点的振动引起的，其原因是球面波在传播过程中波前应力不断衰减，在不同半径处质点的运动速度不同，质点之间产生相对位移，而固体的刚性又阻止了这种相对位移，于是就引起质点的振动，产生了径向应力的各种变化。

图 2.11(b)表示了距空腔中心不同距离处切向应力随时间的变化情况。从图中可以看出，随着时间变化，所有点的切向应力都由应力波到达时的压应力变为拉应力，并在某一时刻达到最大，然后趋于一个稳定的拉应力值。

出现这种切向应力的变化原因可以这样理解：在应力波到达的瞬间，受应力波影响的质点产生了运动，而它外部的质点还没有发生运动，它给外部质点一个作用力，同时也受到外部质点的反作用力，此时质点切向所受到的是压应力。但应力波过后质点要向外膨胀，这样质点在一个圆环上所受的切向应力就迅速地由压应力变为拉应力，质点发生振动，最后在膨胀拉应力状态下趋于稳定。

图 2.11(c)表示的是介质材料中最大剪切应力的变化情况，由材料力学的知识我们知道，$\sigma_\tau=(\sigma_r-\sigma_\theta)/2$。从图中可以看出，在空洞表面附近，即 $r=a$ 附近，有一个很大的剪切应力，它大约等于 $0.8p_0$。这一点很重要，很多固体材料往往不能承受很大的剪切应力，如岩石、素混凝土等，这些材料在球面波的作用下，容易在最大剪切应力作用面上发生破坏。

与球面波相联系的位移也比较复杂，既包括振动项，也包括不振动项，位移的变化情况主要受应力的作用情况影响，在此不细述。

2.3.2 与柱面波相联系的应力数值

柱面波作用下介质材料应力的变化情况与球面波很相似，由于篇幅的关系这里就不介绍了。

2.4 波的叠加

有时一个介质在不同位置处会同时或近似同时受到多个冲击载荷的作用，这样在同一个物体中就会有两个或几个应力波同时传播。例如，爆破时，大多数时候会在同一块岩石或混凝土上打许多炮孔，当这些炮孔爆破时，它们会各自产生一个爆炸应力波，这样在同一个介质中就有许多应力波存在。另外，一个单一的应力波在材料的边界或不同材料的交界面处会发生反射或转变，在物体中产生另一种应力波。当这些应力波相遇时，就会产生波的干涉和叠加，而应力波的叠加常常会导致介质局部的应力高度集中，引起材料的破坏。所以不仅要研究单个应力波作用下介质材料的应力、应变情况，而且要研究应力叠加时材料中的应力、应变情况。

2.4.1　波的叠加原理

对于实际材料,如果考虑材料的黏塑性,应力的叠加是很复杂的。但对于符合胡克定律、应力与应变成线性关系的弹性体,情况就简单多了,此时应力的作用可由波的叠加原理给出。

波的叠加原理为:任何数目的波同时作用下造成的运动为这些单个的波产生的运动的矢量和。

这样对于材料中的一点,只要给出了单个应力波作用下的应力、应变情况,用矢量合成法则,就可以求出几个应力波共同作用下的应力、应变情况。

2.4.2　平行波的叠加

应力波叠加的最简单情况就是那些干涉波的运动是平行的,这样各个同性质的应力波的应力方向都是平行的,矢量的叠加就可以简化为代数的叠加。

如图 2.12 所示,一个平顶的弹性平面压缩波具有恒定的应力水平 σ_0,质点速度为 u_0,假定应力波以速度 c_1 向左运动。同时另一个相同应力绝对值的拉伸应力波以同一速度向右运动,当两个平行波相遇时,拉伸作用与压缩作用相互抵消,则干涉区应力水平为零。但由于两个波的质点运动方向是相同的,都是向左运动,于

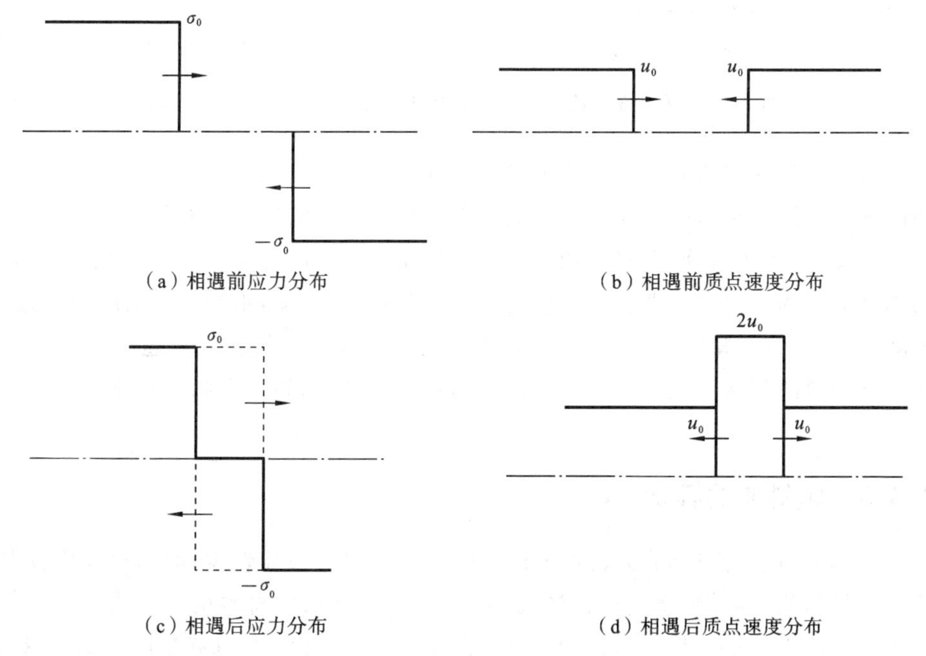

图 2.12　一个压缩平顶波与一个拉伸平顶波(两个波的应力绝对值相同)的叠加情况示意图

是干涉区内介质质点将以 $2u_0$ 的速度向左运动。

这是拉伸波与压缩波相互平行作用的情况，如果两个平行的压缩波或两个平行的拉伸波相遇，则如图 2.13 所示，干涉区内应力与质点速度的变化情况则与一个压缩波和一个拉伸波相互作用的情况相反。当两个波形相同的压缩波相互作用时，干涉区内应力变为原来的两倍，材料介质的质点速度将变为零。

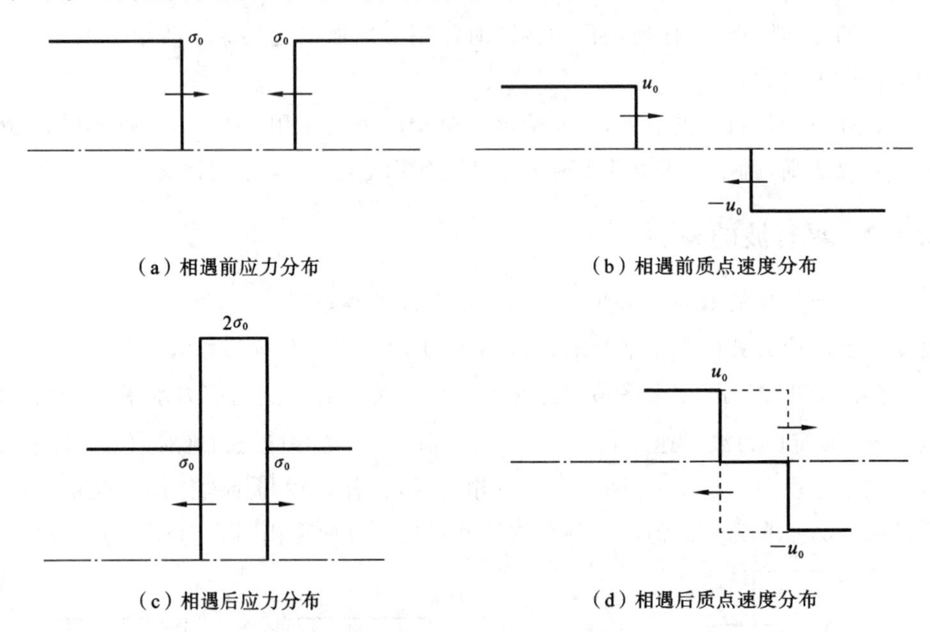

图 2.13　两个应力值相同的平顶压缩波相遇后的相互作用情况

由随时间变化的冲击载荷产生的可变应力扰动在平行相互作用的情况下，干涉区内应力的分布与质点速度的情况基本上可用同样的方法来处理。

如图 2.14 所示，两个完全相同的锯齿形压缩波相向运动，在波前相遇的瞬间，相遇平面上的应力就立即变为原来的 2 倍，波前继续运动，重叠区内的应力值稳定下降，当两个波互相超越时，应力变为零。应力波叠加区材料质点速度有正有负，在两波相遇的初始点处，质点速度恒为零，在重叠区，初始点右侧质点速度为正，左侧为负。

2.4.3　倾斜波的叠加

实际上，在我们遇到的波的相互作用问题中，平行波比较少，而倾斜波比较多。应力波倾斜相交问题，就是求在波的相互作用下，叠加区材料的主应力 σ、σ'、σ'' 及最大剪切应力 τ_{max} 的大小和方向。而 σ、σ'、σ'' 及 τ_{max} 可以采用莫尔圆图解法来求解，与单个平面膨胀波相应的主应力为 σ_i、$[\nu/(1-\nu)]\sigma_i$、$[\nu/(1-\nu)]\sigma_i$，其中，ν 为泊

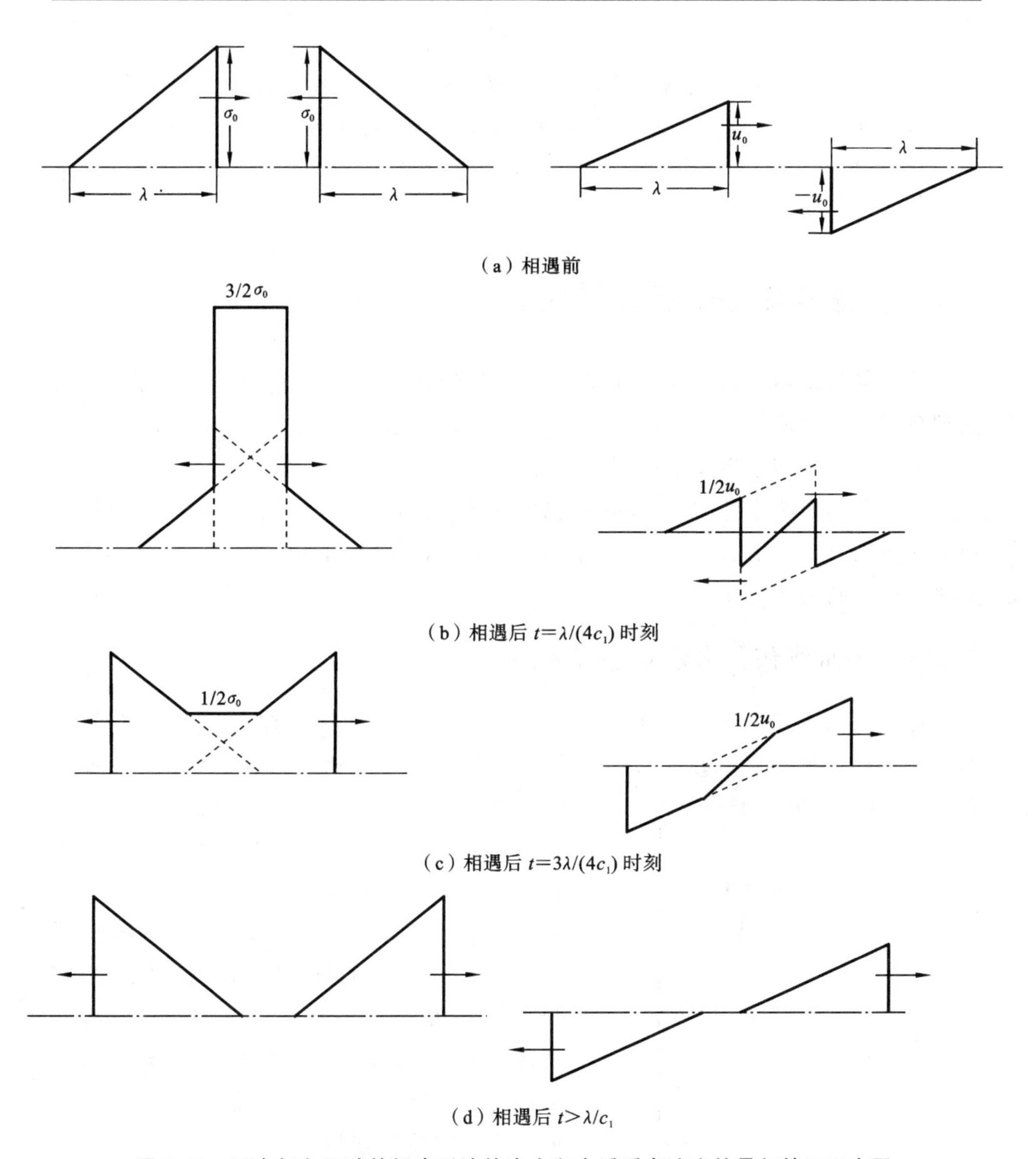

图 2.14　两个相向运动的锯齿形波的应力和介质质点速度的叠加情况示意图

松比，σ_i 是与波前垂直的应力。

若一个平面波，仅有 x 方向的位移（变形），y、z 方向的位移 $v=w=0$，即 y、z 方向的应变 $\varepsilon=0$，根据对称原理，y、z 方向上的应力相同，设为 σ^*，则在 y 方向有

$$\frac{\sigma_i \nu}{E}+\frac{\sigma^* \nu}{E}-\frac{\sigma^*}{E}=0 \tag{2.15}$$

得：

$$\sigma^* = [\nu/(1-\nu)]\sigma_i \tag{2.16}$$

对于应力水平为 τ_i 的剪切波，其主应力为 σ_i、$-\sigma_i$、0，其中 $\sigma_i=\tau_i$。

弄清楚单个应力波对应的主应力之后，我们就可以求叠加区的主应力 σ、σ'、σ'' 和 $\tau_{\max}$ 了，应用三次莫尔圆图解法即可，这些在材料力学中已讲述过，在这里不作详解。

2.5　弹性波传播中的边界效应

到目前为止，我们讨论应力波时，都假定波在无限介质中传播。但实际上我们所遇到的一切物体都有边界，应力波在传播过程中迟早会遇到一个或多个边界，波在遇到边界时将与边界发生相互作用，在边界上产生反射和透射。

本节我们介绍几种波与边界作用的特殊情况，如波在自由边界的垂直入射、在自由边界的倾斜入射、在两种不同介质之间的垂直入射、在有黏结力的两种不同介质之间的倾斜入射等。

2.5.1　平面波在自由边界垂直入射

应力波与边界作用的最简单情况就是平面弹性波垂直地冲击一自由边界，此时产生相位角改变180°的全反射（所谓相位角改变180°就是入射波与反射波性质相反）。如果入射波是一个压缩波则反射波为一个拉伸波；如果入射波是一个拉伸波，则反射波为一个压缩波。因为自由面不能承受法向应力与剪切应力，所以自由面在波的反射作用过程中始终保持无应力状态。

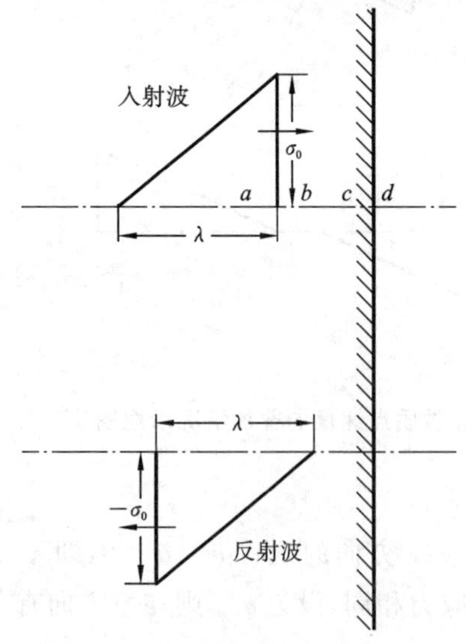

图 2.15　一个锯齿形压缩波垂直入射到自由边界后的反射

一般地说，波的持续时间是有限的，当它反射时，反射波的波头首先叠加到入射波的头部，等到入射波的尾部反射后，反射波与入射波叠加完毕，即作为一个完整的波出现，并向入射波的相反方向传播。

如图2.15所示，我们以一个锯齿形压缩波为例，来研究其在自由边界垂直入射时的反射情况。

下面，我们选定与自由面距离分别为 λ、$\lambda/2$、$\lambda/4$、0 的 a、b、c、d 4个点来研究这4个点的应力随时间的变化情况。

首先我们来看 a 点的应力随时间的变化

情况，a 点与自由面的距离为 λ，如图 2.16(a)所示，在某一时刻，入射压缩波波头首先到达 a 点，此时 a 点的应力即为 σ_0。入射波波头过后，入射波中的其他点依次通过 a 点，任意时刻 a 点的应力即为 a 点处入射应力波中的应力。当入射应力波波尾通过 a 点后，所有的应力波都通过了 a 点，a 点就没有应力波了，a 点的应力变为 0；由于 a 点与自由面的距离为 λ，当入射波波尾到达 a 点时，入射波波头到达自由面，此时入射压缩波全反射为一个拉伸波，拉伸波反过来向介质内部传播，经过一个时间 $\frac{\lambda}{c_1}$ 以后，反射拉伸波又到达 a 点，此时 a 点的应力为 $-\sigma_0$，与入射波一样，反射波波头过后，反射波中的其他点依次通过 a 点，任意时刻 a 点的应力为 a 点处反射应力波中的应力。当反射应力波波尾通过 a 点后，所有的应力波都通过了 a 点，a 点就没有应力波了，a 点的应力又变为 0。

我们再来看 b 点的应力随时间的变化情况，b 点与自由面的距离为 $\frac{\lambda}{2}$，如图 2.16(b)所示，在入射波到达 a 点后，经过时间 $\frac{\lambda}{2c_1}$，入射压缩波波头到达 b 点，与入射波作用在 a 点的应力相似，此时 b 点的应力为 σ_0。入射波波头过后，入射波中的其他点依次通过 b 点，任意时刻 b 点的应力即为 b 点处入射应力波中的应力。由于 b 点与自由面的距离为 $\frac{\lambda}{2}$，当入射波的 $\frac{\lambda}{2}$ 到达 b 点时，入射波波头到达自由面，此时入射压缩波全反射为一个拉伸波，拉伸波反过来向介质内部传播，经过一个时间 $\frac{\lambda}{2c_1}$ 以后，反射拉伸波波头到达 b 点，此时入射波的波尾正好也到达 b 点，b 点的应力即为 $-\sigma_0$；此后，b 点仅受反射波的作用，与入射波一样，反射波波头过后，反射波中的其他点依次通过 b 点，任意时刻 b 点的应力即为 b 点处反射应力波中的应力。当反射应力波波尾通过 b 点后，所有的应力波都通过了 b 点，b 点就没有应力波了，b 点的应力又变为 0。

现在我们来看 c 点的应力随时间的变化情况，c 点与自由面的距离为 $\frac{\lambda}{4}$，如图 2.16(c)所示，在入射波到达 a 点后，经过时间 $\frac{3\lambda}{4c_1}$，入射压缩波波头到达 c 点，与入射波作用在 a、b 点的应力相似，此时 c 点的应力为 σ_0。入射波波头过后，入射波中的其他点依次通过 c 点，任意时刻 c 点的应力即为 c 点处入射应力波中的应力。由于 c 点与自由面的距离为 $\frac{\lambda}{4}$，当入射波的 $\frac{\lambda}{4}$ 到达 c 点时，入射波波头到达自由面，此时入射压缩波全反射为一个拉伸波，拉伸波反过来向介质内部传播，经过一

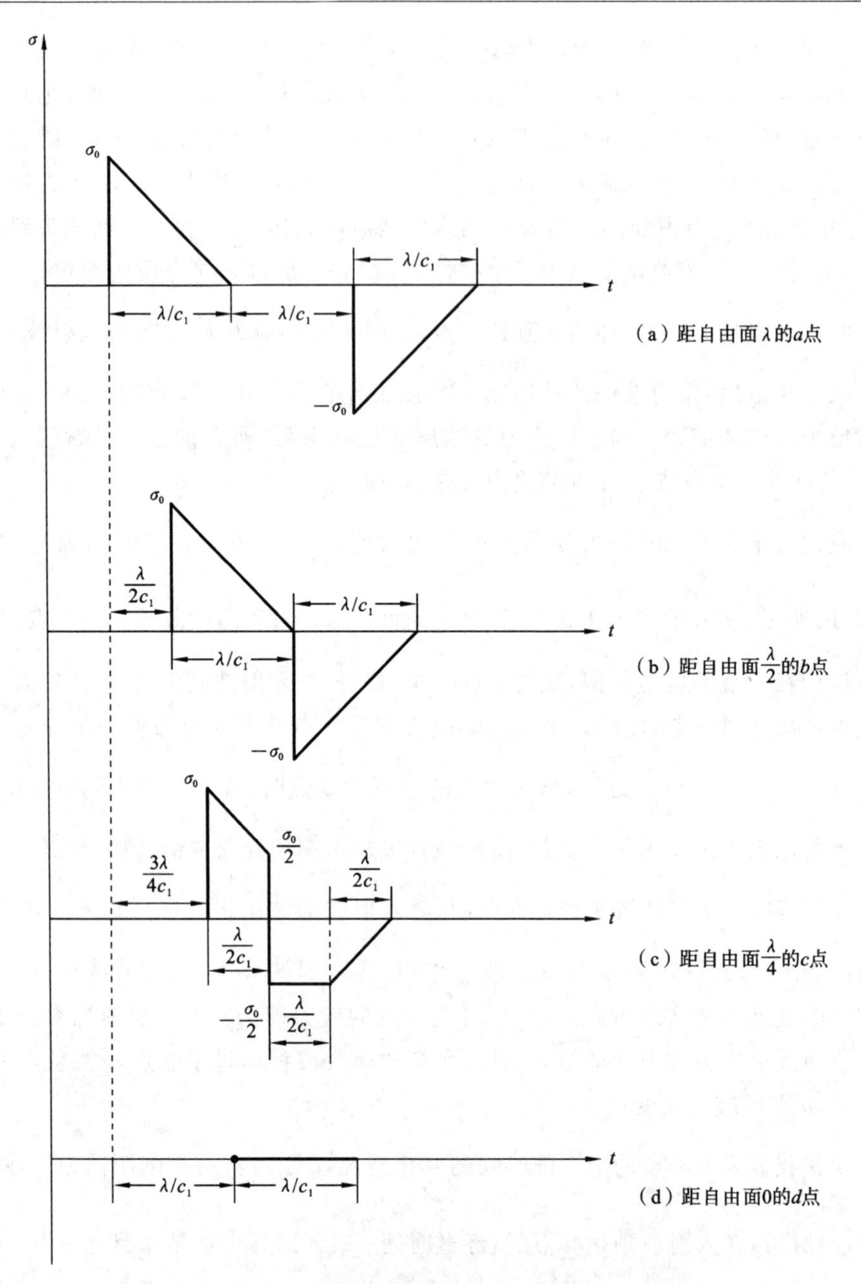

图 2.16　距自由面不同距离处的点应力随时间的变化情况

个时间$\frac{\lambda}{4c_1}$以后，反射拉伸波波头到达 c 点，此时入射波的$\frac{\lambda}{2}$正好也到达 c 点，c 点的应力为反射波波头的应力$-\sigma_0$ 与入射波$\frac{\lambda}{2}$处的应力$\frac{\sigma_0}{2}$叠加的应力和，为$-\frac{\sigma_0}{2}$；

此后，c 点处入射波向前运动，反射波向后运动，根据简单的几何知识，在 c 点处反射波与入射波叠加后的应力始终为 $-\frac{\sigma_0}{2}$；经过一段时间 $\frac{\lambda}{2c_1}$ 后，入射波波尾通过 c 点，c 点仅存在反射波，任意时刻 c 点的应力即为 c 点处反射应力波中的应力。又经过一段时间 $\frac{\lambda}{2c_1}$，在反射应力波波尾通过 c 点后，所有的应力波都通过了 c 点，c 点就没有应力波了，c 点的应力同样变为 0。

最后我们来看 d 点的应力随时间的变化情况，d 点位于自由面上，如图2.16(d)所示，在入射波到达之前，其应力为 0，在入射波波头到达自由面的一瞬间，入射压缩波即开始反射，反射波为拉伸波，在自由面处入射波与反射波强度相等，性质相反，叠加后自由面处的应力始终为零，一直到入射波作用完毕。

2.5.2　平面波在有黏结力的两种不同介质边界上的垂直入射

当一弹性平面波垂直冲击两种不同物质的交界面时，一般要产生一个反射波和一个透射波。如图 2.17 所示，一个在介质Ⅰ中传播的波 A 垂直入射到介质Ⅰ与介质Ⅱ的交界面，一般会产生一个在介质Ⅱ中传播的透射平面波 B，还会产生一个反射波 C 回到介质Ⅰ中传播。波 B 的传播方向与波 A 相同，波 C 的传播方向与波 A 相反。透射波的性质总是与入射波相同，即如果入射波是压缩波，则透射波亦为压缩波，如果入射波为拉伸波，则透射波亦为拉伸波。而反射波的性质则视两种介质的性质而定，可能与入射波性质相同，也可能相反。

平面波与交界面的相互作用要受到两个边界条件的控制：第一，边界两侧的应力在相互作用的每一瞬间都是相等的（根据牛顿第三运动定律）；第二，边界两侧的介质质点速度是相等的。

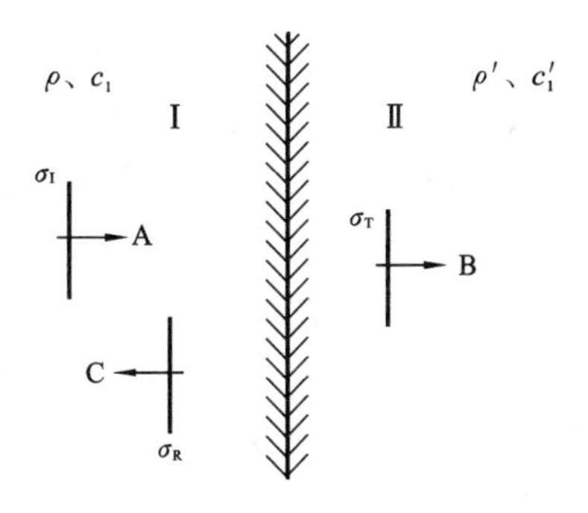

图 2.17　平面弹性波在有黏结力的两种不同介质边界上的垂直入射

第一个条件我们可由牛顿第三运动定律——作用力与反作用力相等得出。第二个条件是为了保证边界的稳定接触。

将这两个条件用方程表示出来，就有：

$$\begin{cases}\sigma_{\mathrm{I}}+\sigma_{\mathrm{R}}=\sigma_{\mathrm{T}}\\ V_{\mathrm{I}}+V_{\mathrm{R}}=V_{\mathrm{T}}\end{cases}\tag{2.17}$$

式中：σ_{I}、V_{I} 表示入射波的应力和质点速度；σ_{R}、V_{R} 表示反射波的应力和质点速度；σ_{T}、V_{T} 表示透射波的应力和质点速度。

由应力波的质点速度与应力之间的关系得：

$$\begin{cases} V_I = \dfrac{\sigma_I}{\rho c_1} \\ V_R = -\dfrac{\sigma_R}{\rho c_1} \\ V_T = \dfrac{\sigma_T}{\rho' c'_1} \end{cases} \tag{2.18}$$

将 V_I、V_R、V_T 代入 $V_I + V_R = V_T$，有

$$\frac{\sigma_I}{\rho c_1} - \frac{\sigma_R}{\rho c_1} = \frac{\sigma_T}{\rho' c'_1} \tag{2.19}$$

联立 $\sigma_I + \sigma_R = \sigma_T$ 求解，可得

$$\begin{cases} \sigma_T = \left(\dfrac{2\rho' c'_1}{\rho c_1 + \rho' c'_1}\right)\sigma_I \\ \sigma_R = \left(\dfrac{\rho' c'_1 - \rho c_1}{\rho c_1 + \rho' c'_1}\right)\sigma_I \end{cases} \tag{2.20}$$

从式(2.20)中可以看出，透射波的符号总是与入射波相同。而反射波相对比较复杂：

(1) 若 $\rho' c'_1 = \rho c_1$，则 $\sigma_R = 0$，即没有反射波；

(2) 若 $\rho' c'_1 > \rho c_1$，则反射波与入射波的性质相同；

(3) 若 $\rho' c'_1 < \rho c_1$，则反射波的性质与入射波相反。

若 $\rho' c'_1 \approx 0$，则 $\sigma_R = -\sigma_I$，这相当于入射波在自由面反射，一个入射压缩波就以全部压力水平反射为一个拉伸波。

若 $\rho' c'_1 \gg \rho c_1$，则 $\sigma_R = \sigma_I$，例如当第二种介质是一种刚体时，刚体表面反射应力的强度与入射应力的相同，而透射波的应力为入射波应力的两倍。

从 ρc 对反射波性质的影响我们可以知道，材料的声阻抗是一种很重要的参数。

我们举个例子，如图 2.18 所示，来说明一个应力波在两种不同物质交界面处的垂直入射的情况。

如图 2.18(a)所示，一个波长为 λ、波阵面应力为 σ_0 的锯齿形压缩应力波在介质Ⅰ中传播，当该应力波垂直入射到介质Ⅰ(声阻抗 ρc_1)与介质Ⅱ(声阻抗 $\rho' c'_1$)的交界面时，若 $\rho' c'_1 = \rho c_1$，则如图 2.18(b)所示，没有反射波，入射应力波将无障碍地通过介质Ⅰ与介质Ⅱ的交界面，只有一个在介质Ⅱ中传播的透射波。入射波为压缩波，透射波亦为压缩波，且波阵面上的应力亦为 σ_0。若 $\rho c_1 > \rho' c'_1$，则如图 2.18(c)所示，入射波到达介质Ⅰ与介质Ⅱ的交界面时，会在介质Ⅱ中产生一个透射压缩波 σ_T，在介质Ⅰ中产生一个反射拉伸波 σ_R。此时 $\sigma_T < \sigma_0$。若 $\rho c_1 < \rho' c'_1$，则如图 2.18(d)所示，入射波到达介质Ⅰ与介质Ⅱ的交界面时，会在介质Ⅱ中产生一个透射压缩波 σ_T，在介质Ⅰ中产生一个反射压缩波 σ_R。此时 $\sigma_T > \sigma_0$。

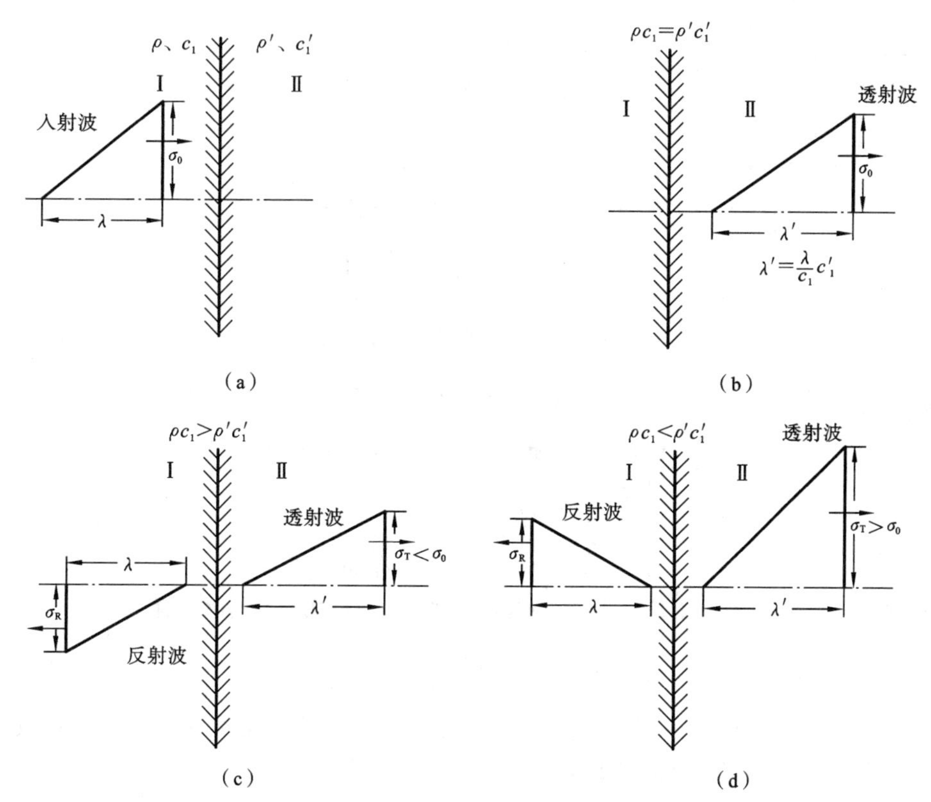

图 2.18　一个锯齿形波在有黏结力的两种不同物质交界面处的垂直入射情况

2.5.3　平面波在自由边界倾斜入射

当一个弹性平面波倾斜入射到一自由面时，如图 2.19 所示，就在自由面上产生倾斜反射，边界条件为自由面上的正交应力、剪切应力为零，但切向应力不一定为零。当入射波为一平面纵波时，反射时可能产生两种波：一个反射纵波与一个反射剪切波。

反射纵波与自由面法向的夹角等于入射波与法向的夹角，但反射剪切波与法向的夹角则不同，可证明(与光的菲涅耳定律一样)：

$$\frac{\sin\alpha}{\sin\beta}=\frac{c_1}{c_2} \tag{2.21}$$

式中：α 为入射纵波、反射纵波与自由面法向的夹角；β 为反射剪切波与自由面法向的夹角。

原来波的能量分配于反射纵波与反射剪切波之中，分配于每种波的能量大小取决于入射角和介质材料的泊松比，利用边界条件可得

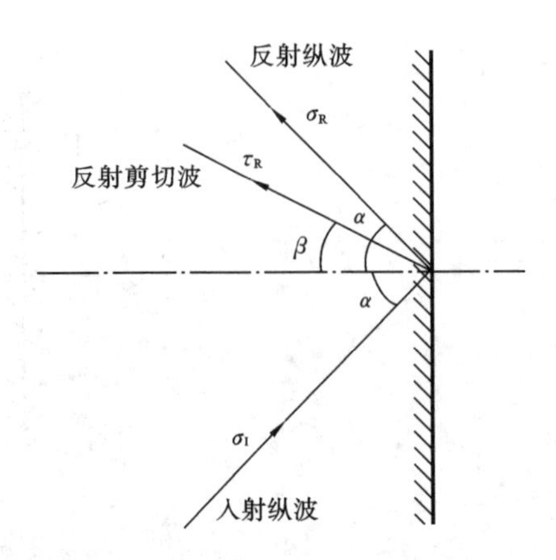

图 2.19 平面纵波在自由边界上的反射

$$\begin{cases}\sigma_R = R\sigma_I \\ \tau_R = [(R+1)\cot 2\beta]\sigma_I\end{cases} \tag{2.22}$$

式中：σ_R、τ_R 分别为反射纵波与反射剪切波的应力；R 为反射系数，有

$$R = \frac{\tan\beta \times \tan^2 2\beta - \tan\alpha}{\tan\beta \times \tan^2 2\beta + \tan\alpha} \tag{2.23}$$

α 为入射角，与材料性质无关。β 与 c_2/c_1 有关，即与材料性质有关。反射系数 R 可以等于零、小于零，也可以大于零。

2.5.4 平面波在有黏结力的两种不同物质边界倾斜入射

当一个平面弹性应力波倾斜入射到有黏结力的两种不同物质交界面时，也要产生反射和透射，如图 2.20 所示。

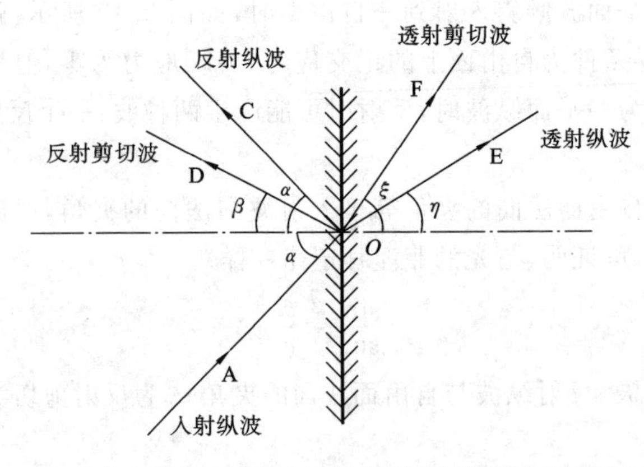

图 2.20 平面波在有黏结力的两种不同物质边界倾斜入射时的透射和反射

当入射纵波 A 倾斜到达介质Ⅰ与介质Ⅱ的有黏结力的交界面 MN 的点 O 时，一般在 O 点产生四种新波，即透射纵波 E、反射纵波 C 和透射剪切波 F 以及反射剪切波 D，设它们与交界面法向之间的夹角分别为 η、α、ξ、β，则它们存在如下关系：

$$\frac{\sin\alpha}{c_1}=\frac{\sin\beta}{c_2}=\frac{\sin\eta}{c'_1}=\frac{\sin\xi}{c'_2} \tag{2.24}$$

若界面不发生相对滑动，则必须满足两个界面条件：

(1) 位移的连续性，即界面两侧的法向位移与切向位移必须相等；

(2) 应力的连续性，即界面两侧的法向应力和切向应力必须相等。

根据这两个界面条件，可以列出四个方程，解这四个方程，就可以求出反射纵波、反射剪切波、透射纵波、透射剪切波的强度。

当剪切波到达有黏结力的交界面时，同样产生四种新波，也满足两个边界条件，即位移的连续性与应力的连续性。

2.5.5　平面波在两种不同物质无黏结力的边界倾斜入射

所谓非黏结性边界，指两块接触材料之间的边界毫无阻力，可以自由滑动。这样，边界条件就与有黏结力的边界不同。无黏结力的边界中的应力只能垂直于边界的方向传播，另外非黏结性边界不能承受拉伸载荷，入射拉伸波在非黏结性边界的反射与在自由边界的反射一样。入射压缩波必须满足边界条件：

(1) 交界面两侧法向位移的连续性条件；

(2) 交界面两侧正应力的连续性条件，在交界面两侧介质中无剪切应力。

2.6　动量的转移

在一个体系受到冲击后，该体系中会引入动量。动量与能量相似，它们都不能被消灭，但与能量相比，材料的动量更容易记录和观察，研究起来更方便。许多情况下我们需要通过研究物体系统的动量变化来考察物体运动的变化，以及所受的外力的情况。

当物体受到冲击载荷作用时，特别是当载荷的作用时间很短时，我们通过研究动量的变化来研究介质中应力、质点速度等的变化过程是比较方便的。

2.6.1　板速度与应力-时间曲线的关系

在 2.2 节中我们已经讲到，介质中瞬间应力波每单位面积所含的动量为

$$M=\int_0^\lambda \rho u(x)\,\mathrm{d}x \tag{2.25}$$

如果写成增量的形式，则有

$$dM=\rho u(x)\,dx=\left(\frac{\sigma}{c}\right)dx=\sigma dt \tag{2.26}$$

假定一厚度为 L，侧向无限长的板子，松松地（无黏结力）与另一侧向无限长的板子靠在一起，一个平行于左右两板交界面的压缩波从左板进入右板，如图 2.21 所示。如果两板的材料相同，则交界面对波的传播无任何影响，当波传播到右板右侧自由面时，在自由面上反射为一个拉伸波。我们应该注意，在拉伸波的作用下介质质点速度与入射压缩波作用下介质质点速度方向一致，都向右。当反射拉伸波到达两板交界面 MN 时，因为非黏结性交界面不能受拉，两板将分开，右板向右飞走。

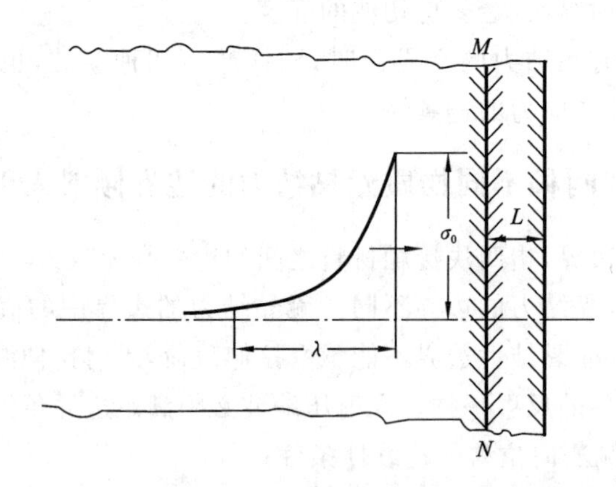

图 2.21　指数衰减波在两板之间的动量转移示意图

右板飞走时，收集到的动量取决于右板的厚度 L 和压缩波的波长 λ，当 $L\geqslant\lambda/2$ 时，右板收集了压缩波的所有动量，它的飞离速度为

$$V=\frac{M}{\rho L}=\frac{\int_0^{\lambda}\rho u(x)\,dx}{\rho L}=\frac{\int_0^{\lambda/c_1}\sigma(t)\,dt}{\rho L} \tag{2.27}$$

若板的厚度 $L<\lambda/2$，则应力波的波形与强度将决定右板的飞离速度：

$$V=\frac{\int_0^{2L}\rho u(x)\,dx}{\rho L}=\frac{\int_0^{\frac{2L}{c_1}}\sigma(t)\,dt}{\rho L} \tag{2.28}$$

2.6.2　阻抗效应

如果左右两板材料不同，那么它们的声阻抗一般也不同。当入射波到达两板交界面 MN 时，波的能量一部分被透射，另一部分被反射。透射波的强度为

$$\sigma_T = \frac{2\rho' c'_1}{\rho c_1 + \rho' c'_1}\sigma_I \tag{2.29}$$

每单位面积转换至右板的动量为

$$M_T = \int_0^{\frac{2L}{c'_1}} \sigma_T(t)\mathrm{d}t = \left(\frac{2\rho' c'_1}{\rho c_1 + \rho' c'_1}\right)\int_0^{\frac{2L}{c'_1}} \sigma_I(t)\mathrm{d}t \tag{2.30}$$

式(2.30)中，L 的定义域为：$0<L<\frac{\lambda c'_1}{2c_1}$ 或 $0<\frac{2L}{c'_1}<\frac{\lambda}{c_1}$（即透射波传到右板的右侧自由面又反射回 MN 界面的时间小于入射波的持续时间），否则，计算中持续时间为 λ/c_1。

从式(2.30)中可以看出，如果右板的声阻抗 $\rho' c'_1$ 比左板的声阻抗 ρc_1 大得多，则右板收集到的动量几乎是原入射波动量的两倍，那么动量是否不守恒了呢？其实总的动量还是守恒的，因为右板的声阻抗 $\rho' c'_1$ 比左板的声阻抗 ρc_1 大得多时，反射至左板的反射波几乎是与入射波相同的一个压缩波，反射波所具有的动量与入射波的动量大小几乎相等，而方向相反，这样反射波加上透射波的动量仍然等于入射波的动量。此时右板飞离的速度为

$$V = \frac{M_T}{\rho' L} = \left(\frac{2c'_1}{L(\rho c_1 + \rho' c'_1)}\right)\int_0^{\frac{2L}{c'_1}} \sigma_I \mathrm{d}t \tag{2.31}$$

2.6.3　复合板

如果几块板子叠在一起，则应力波通过后，每块板子将获得一个不同的速度，如图 2.22 所示，板 Ⅰ 的材料与板 1、2、3、4 的材料完全相同，一个入射压缩波在板 Ⅰ 中运动，压缩波的运动方向垂直于板 Ⅰ 与板 1、2、3、4 的交界面。

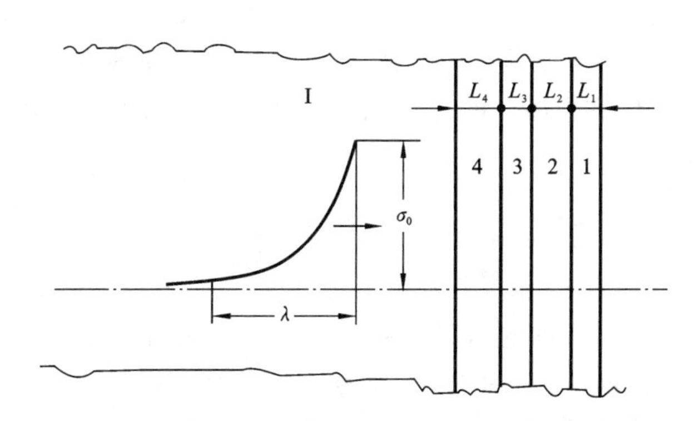

图 2.22　应力波对并列的松散板的作用

在入射波到达板 1 右侧自由面之前，这些交界面对波的运动不产生任何影响。当波运动到板 1 右侧自由面时，将反射一个拉伸波，当拉伸波到达板 1 与板 2 的交

界面时，板 1 将向右飞离；板 1 飞离之后，板 2 的右侧变为自由面，此时如果板 2 中还有入射压缩波，则在板 2 的右侧将继续反射新的拉伸波，当板 2 反射的拉伸波到达板 2 与板 3 的交界面时，板 2 将向右飞离；以此类推，如果入射波波长足够长，每块板将依次向右飞离。板的飞离速度为

$$V_1 = \frac{\int_0^{\frac{2L_1}{c_1}} \sigma(t)\mathrm{d}t}{\rho L_1} \tag{2.32}$$

$$V_2 = \frac{\int_{\frac{2L_1}{c_1}}^{\frac{2(L_1+L_2)}{c_1}} \sigma(t)\mathrm{d}t}{\rho L_2} \tag{2.33}$$

$$V_i = \left(\frac{1}{\rho L_i}\right)\int_{2\sum_{n=0}^{i-1} L_n/c_1}^{2\sum_{n=0}^{i} L_n/c_1} \sigma(t)\mathrm{d}t \quad (i = 1,2,3,4) \tag{2.34}$$

其中 $L_0=0$，如果 $2\sum_{n=0}^{i} L_n \geqslant \lambda$，则上限取为 $\frac{\lambda}{c_1}$；若 $2\sum_{n=0}^{i-1} L_n \geqslant \lambda$，则 $V_i = 0$，也就是说，若反射波还没有回到 $i-1$ 板与 i 板的交界面，入射波已经完全通过了 i 板，则在 i 板中就不会再产生反射波，i 板也就不会飞离。

如果板 1、2、3、4 与板 Ⅰ 材料各不相同，计算各板的飞离速度就相对复杂一些，按照应力波在交界面的作用原理，一个板一个板计算即可。

2.6.4 间隙的闭合

如果主体板与接收板之间有一狭窄的自由间隙，如图 2.23 所示，当应力波到达主体板自由面时，压缩波反射为拉伸波，自由面上介质质点速度变为原来的 2 倍，自由面向右运动，在空隙合拢之前，无应力波进入接收板。空隙合拢的时间 T 与间隙 s 之间的关系为

$$s = \int_0^T 2u(t)\mathrm{d}t \tag{2.35}$$

在空隙合拢之后，边界情况就发生变化，边界上不再有反射波，没有反射的压缩波部分不变地通过交界面进入接收板。从图 2.23 中可以看出，间隙的存在对动量的传递有很大的影响，特别是对衰减很快的应力波，一个很小的间隙就可能阻断很大部分动量的传播。如果间隙足够大，其合拢的时间等于或大于冲击载荷脉冲的持续时间，则无动量传入接收板。

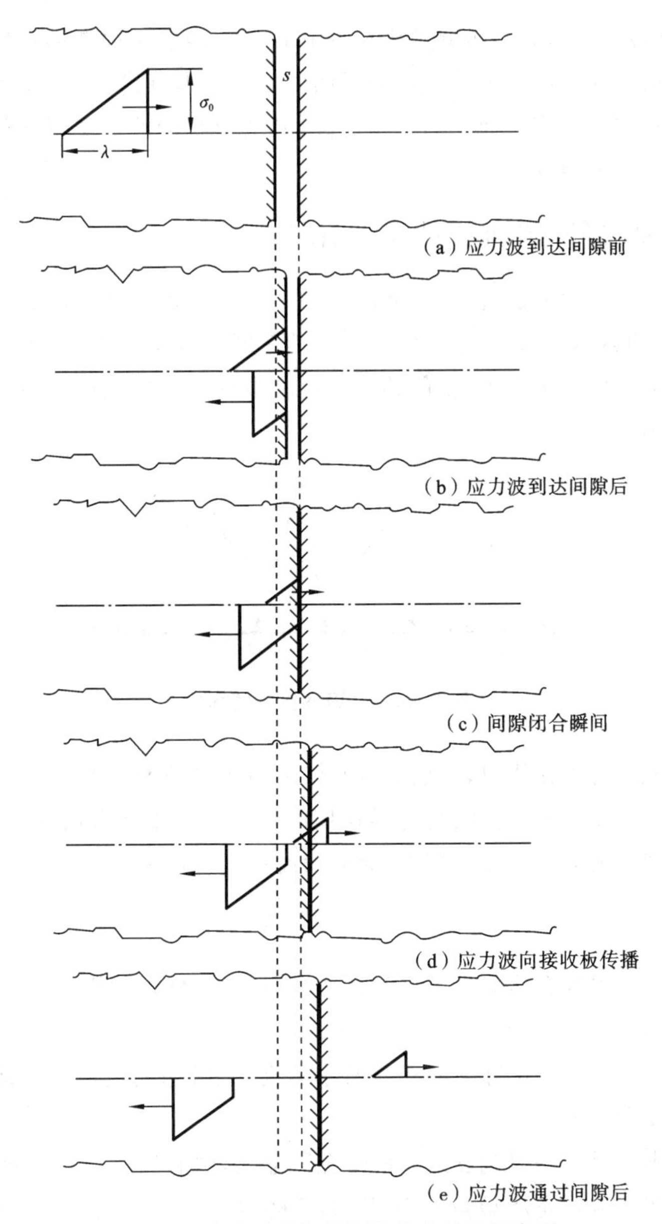

图 2.23　应力波引起的间隙闭合过程示意图

2.7　边界上的非平面波前的发展

在 2.5 节我们简单介绍了平面波在不同边界上的作用情况。但在实际应用中，平面波是比较少见的，常见的是非平面波。非平面波与平面波一样，当它运动到两种不同介质交界面时，也要产生反射和透射。但非平面波的反射波和透射波的形状以及波阵面上的应力分布远较平面波复杂。本节我们主要介绍球面波在自由面和两种不同介质交界面上的作用情况，其他形状的波与交界面的作用情况可以用相似的方法来研究。

2.7.1 球面波在自由面上的反射情况

一般要追踪波前的前进，对于波前上的每一个点需要两个信息，如图 2.24 所示，一个是它的运动方向，一个是波前的运动速度。运动方向可以用一条在观测点上垂直于波前的射线来表示；波前的运动速度根据波的性质而定，对于纵波为 c_1，对于剪切波为 c_2。

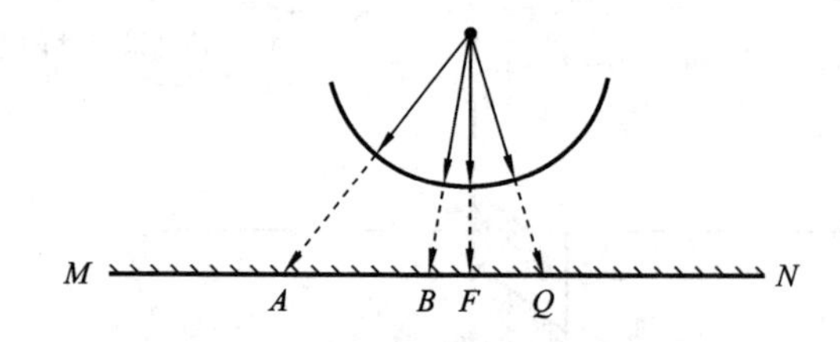

图 2.24 球面波行进的描述

当球面波与边界作用时，我们假设其波前由无数的无穷小平面单元组成，每个单元与边界的作用服从平面波与边界作用的规律。如果在自由面反射，新反射膨胀波将从它到达的同一角度 α 离开，而剪切波的反射角 β 为

$$\sin\beta=\frac{\sin\alpha\times c_2}{c_1} \tag{2.36}$$

每一条入射射线在边界反射产生两条反射射线，反射射线之一对应膨胀波，另一条对应剪切波。

如图 2.25 所示，一个球面波在介质中运动，它波前的任何一点运动到自由面 MN 时都要发生反射。

图中给出的是某一时刻反射波的情况。显然，膨胀波从 O 点到 B 点再到 D 点的时间等于膨胀波首先从 O 点至 B 点，然后剪切波从 B 点到 C 点的时间。

反射膨胀波波前的位置很容易确定，它在以与 O 点关于 MN 对称的 O' 点为圆心的同心圆上。反射剪切波的波前不是球面，作图稍微麻烦一点。最简单的办法是画几条射线并计算出波前射线走了多远：

$$BC=\left(\frac{c_2}{c_1}\right)BD \tag{2.37}$$

球面波在自由面反射时，每点处的入射能量不尽相同。反射的膨胀波与剪切

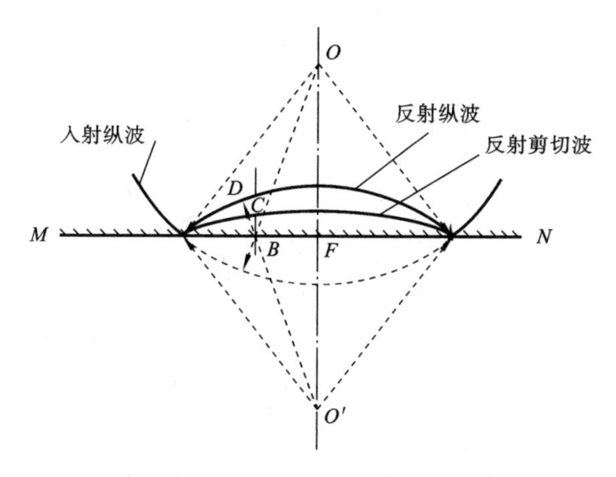

图 2.25　球面波在一平面自由边界的反射情况

波的强度也不同。入射波的能量在反射膨胀波与反射剪切波中的分配按 2.5 节所介绍的公式计算：

$$\begin{cases}\sigma_R = R\sigma_I \\ \tau_R = [(R+1)\cot 2\beta]\sigma_I\end{cases} \tag{2.38}$$

球面入射波本身的能量以 $1/R$ 的比率衰减，若以波前位置的粗细来表示强度的变化，则在 F 点正上方反射纵波最强，反射剪切波为零。

2.7.2　球面波在两种不同介质交界面上的反射情况

当球面波运动到两种不同介质交界面时，我们仍然可以假设波前由无数无穷小的平面单元组成，然后按照 2.5 节介绍的平面波在两种不同介质边界的倾斜入射来处理。一个球面波到达两种不同介质交界面，如图 2.26 所示，会产生四种新波，即透射纵波、透射剪切波、反射纵波、反射剪切波。

我们主要研究在 $c_1 > c_1'$ 与 $c_1 < c_1'$ 两种情况下，反射与入射纵波的情况。

当 $c_1 > c_1'$ 时，反射波前 KRL 与入射波前有同一曲率半径，位置的确定办法与 2.7.1 小节介绍的一样。而透射纵波的波前每一点的曲率半径是变化的，当 KL 的距离增大时，它变得平缓了。透射波前的位置可由下面的公式计算：

$$\begin{cases}\sin\eta / \sin\alpha = c_1' / c_1 \\ OB/c_1 + BE/c_1' = (OB + BF)/c_1 \\ BE = BFc_1'/c_1\end{cases} \tag{2.39}$$

知道了入射角 α，可以求出透射角 η。已知时间，就可求出 OB、BF，代入式(2.39)即可求出 BE，对应于不同的 α，可求出一系列的值，就可以画出透射波前。可以采用同样的办法画出透射剪切波和反射剪切波波前。

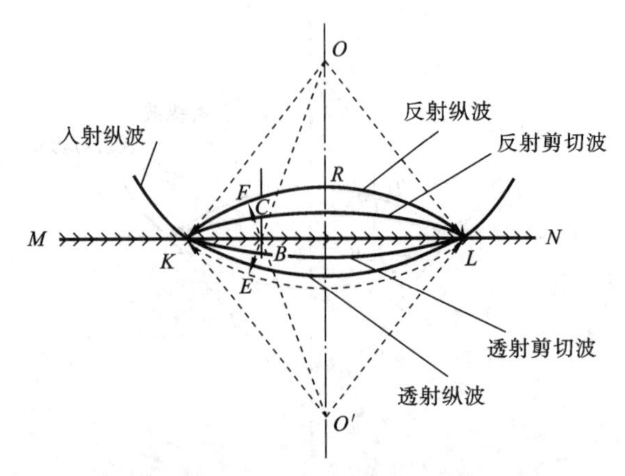

图 2.26　球面波在两种不同介质交界面处的反射和透射

当 $c_1 < c'_1$ 时，$\sin\eta/\sin\alpha = c'_1/c_1 > 1$，$\eta = \arcsin(\sin\alpha \times (c'_1/c_1))$，随着 α 的增大，η 逐渐增大，当 α 增大到某一值时，$\sin\alpha \times (c'_1/c_1) = 1$，$\alpha$ 再增大，有 $\sin\alpha \times (c'_1/c_1) > 1$，没有 η 角与此值对应，则此时入射波完全反射，不产生传递纵波，如图 2.27 所示。

发生全反射时，入射角 $\alpha = \arcsin(c_1/c'_1)$，当 $\alpha > \arcsin(c_1/c'_1)$ 时，上部入射波沿边界的掠射速度将小于 c'_1，因此沿边界下部的波将比上部的波运动得快，这样便不再产生传递纵波。

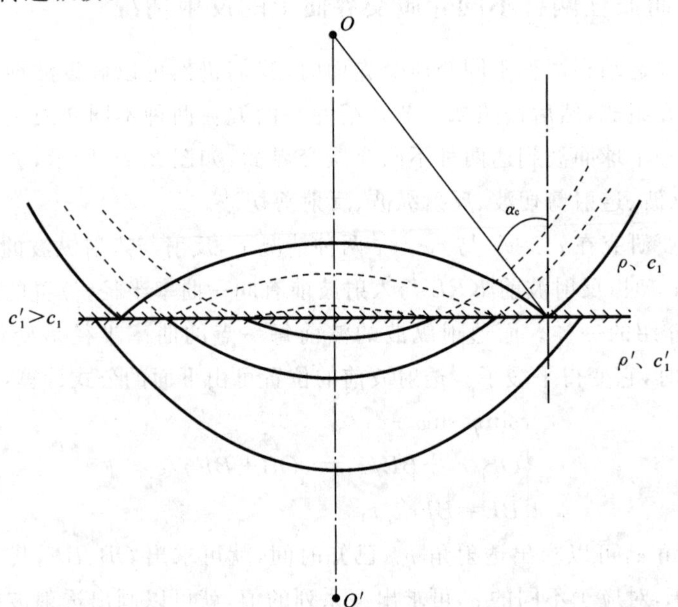

图 2.27　当 $c'_1 > c_1$ 时球面波在两种不同介质交界处的反射和透射

2.8　应力波与拐角的作用

当应力波进入由两个自由面相交所组成的拐角时，应力波在两个自由面上都要进行反射，如图 2.28 所示，每个自由面上都产生一个反射纵波和一个反射剪切波，反射波在运动过程中总要相遇。相遇时产生波的叠加，形成高度应力集中现象，应力集中的结果常常会导致拐角处产生破裂。

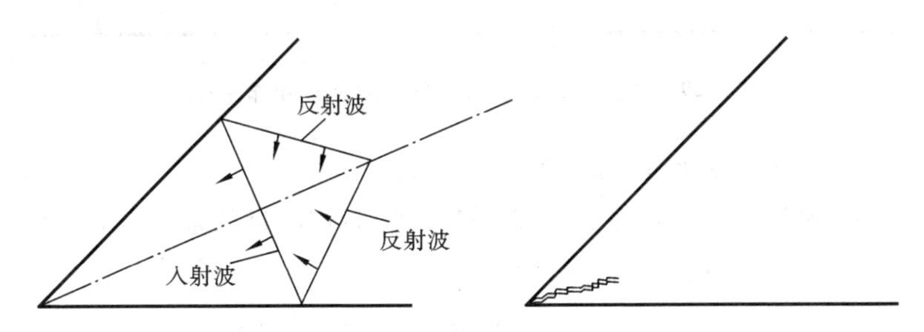

图 2.28　应力波作用下拐角破裂的机理

因为反射纵波的运动速度远较反射剪切波的运动速度快，所以一般情况下总是反射纵波首先相互叠加，引起材料的破坏。但有时反射剪切波也可能成为破裂的主要原因，但是本节我们主要讨论反射纵波相互叠加的情况。

2.8.1　基本的几何作图

我们通过三个特定的拐角——锐角、直角、钝角来说明在拐角处产生的反射波的作用情况。

1. 拐角为锐角

拐角 θ 为锐角，如图 2.29 所示，图中显示了在 t_1、t_2、t_3 三个不同时刻，平面入射波前和与之相对应的反射波的位置，剪切波未画出。

当波运动时，两个膨胀波波前开始相交，交点的轨迹线为 AF，交点与入射波波前的距离随着入射波与拐角顶点的距离的减小而减小。当入射波到达顶点时，两个反射波的交点就与入射波重合。

我们来研究在拐角为锐角时，入射波、反射波之间角度的关系。记入射波波前与拐角下底边的夹角为 α，与另一条边的夹角为 λ，则两个反射波波前与对应的两条边之间的夹角也为 α 和 λ。

记两个反射波相交的轨迹线 AF 与下底边的夹角为 ξ，两反射波之间的交角为 τ，则我们容易知道 AF 平分角 τ。（全等三角形，从 AF 上任一点作 $OO' \perp O'F$、

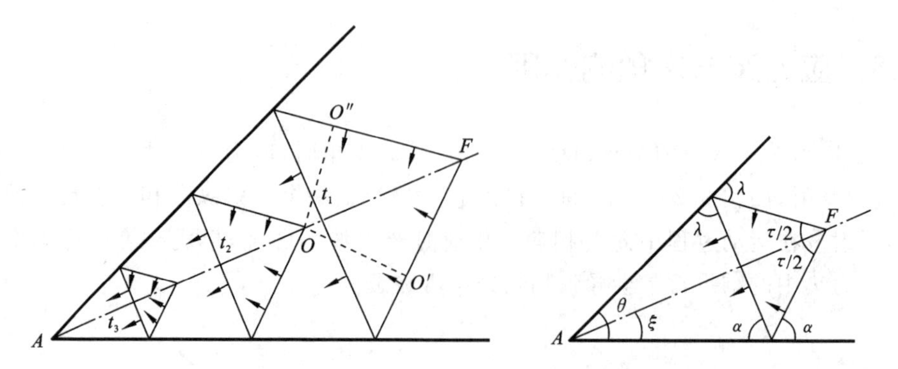

图 2.29　平面波进入锐角拐角时的反射和作用情况

$OO'' \perp O''F$，则由应力波性质可知：$OO'=OO''$。）

对于给定拐角和入射波，θ、α、λ 都是已知的，我们的目的是求出 τ 和 ξ。

有简单的几何原理我们可以知道：

$$\begin{cases}\tau+\theta=\alpha+\lambda \\ \alpha+\lambda+\theta=180^\circ\end{cases} \tag{2.40}$$

故 $\tau=\alpha+\lambda-\theta=180^\circ-2\theta$，$\xi=\alpha-\dfrac{\tau}{2}=\alpha+\theta-90^\circ$。其中 α 和 λ 的最大值均可取 90°，此时入射波与拐角的一个边成掠入射。

当波前与拐角 θ 的角平分线正交时，$\alpha+\dfrac{\theta}{2}=90^\circ$，$\xi=\alpha+\theta-90^\circ=\dfrac{\theta}{2}$，两反射波的交叉轨迹线沿着拐角的角平分线运动。

2. 拐角为直角

当拐角为直角时，情况与锐角就完全不同，如图 2.30 所示。

拐角为直角，$\theta=90^\circ$，两反射波之间的夹角 $\tau=180^\circ-2\theta=0^\circ$。这意味着，两个反射波的波阵面是平行的，在入射波到达拐角 A 点之前，两个反射波不可能相交，在入射波到达拐角的一瞬间，两个反射波沿 AF 线瞬时碰撞，AF 线经过拐角顶点，与拐角底边所成的倾斜角 $\xi=\alpha+\theta-90^\circ=\alpha$。这是拐角为直角的情况。

3. 拐角为钝角

当拐角为钝角时，反射波叠加的过程与锐角和直角的都不相同。反射波的叠加在入射波到达拐角顶点后才能开始，这时两个反射波的叠加点从拐角向上运动回材料内部，如图 2.31 所示。

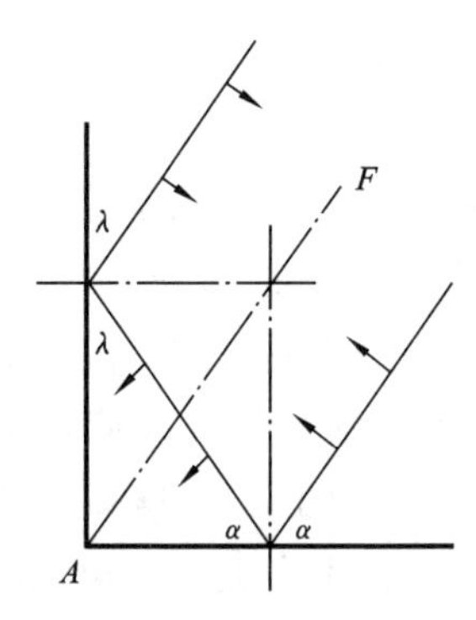

图 2.30　平面波进入直角拐角时的反射

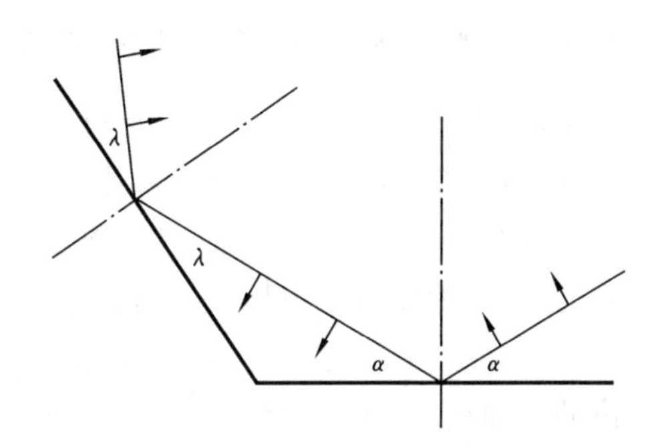

图 2.31　平面波进入钝角拐角时的反射

2.8.2　主应力的计算

当应力波在拐角处入射时，反射波的叠加是否会引起介质材料的破坏，取决于叠加区主应力的大小及最大剪切应力的数值。如果主应力或最大剪切应力大于材料的极限应力，则材料发生破裂，否则材料不破裂。

当发生破裂时，交叉线上每一点裂纹的方向又取决于主应力或最大剪切应力的方向。对于叠加区的每一点，如果我们能求出其主应力及最大剪切应力的大小与方向，一切问题就都可解决。

一般应力波都有一个持续时间，即有一定的波长，我们在进行波的叠加计算时，要区别两种情况：

(1) 两个反射波之间的叠加发生于顶点附近，此时叠加区既有反射波也有入射波；

(2) 两个反射波的叠加发生于距离顶点较远处，这时叠加区只存在反射波，不受入射波的影响。

对于任何拐角 θ，Ⅰ区与Ⅱ区的分界面都可以通过作图求得。

计算叠加区的主应力时，最简单的情况为波在 90°的拐角入射的情况。此时，Ⅰ区与Ⅱ区的分界面位于顶点 λ 处，在Ⅱ区两个相互叠加的波的应力作用方向相同，可以进行代数相加，而 σ_1、σ_2 的大小可由 2.5 节所介绍的知识来求。

对于拐角为锐角和钝角的情况，一般来说，Ⅰ区的主应力的方向既不与交叉线平行，亦不与交叉线垂直，其大小与方向的确定方法就是多次应用莫尔圆图解法求解。

如果主应力之一大于材料的强度极限，则交叉点处就会形成一系列的微细裂纹，每一条裂纹将垂直于引起裂纹的正交拉伸应力方向，这一系列裂纹连接起来就形成最后的破裂面。

2.8.3 某些金属爆炸系统上的破裂

有很多金属爆炸系统引起的拐角破裂现象，从静载荷作用的观点来看是出乎意料的，但从应力波的作用原理来看，是很容易理解的。如图 2.32 所示，一个装满炸药的厚壁圆柱体，当炸药爆炸后，圆柱体壁中就会产生一个具有陡峭波前的高强度应力波，因为炸药的爆炸是以有限的速度传播的，所以圆柱体的载荷是不对称的，引起的应力波通过圆柱体向外向左传播，形成一个截头圆锥，根据 2.3 节我们所讲的球面波、柱面波的有关知识，在圆柱体壁中圆周方向上存在一个很大的切向拉伸应力、一个径向压应力、一个平行于圆柱纵轴的压应力。这三个应力的大小随着应力波的传播是发散且迅速衰减的。波前 PQ 与圆柱纵轴形成的倾角近似为

$$\beta=\arcsin\left(\frac{c_1}{D}\right) \tag{2.41}$$

式中：c_1 为金属圆柱材料的纵波速度；D 为炸药爆速。

当倾斜的 PQ 波前冲击圆柱体的外表面时，如图 2.33 所示，它将发生反射，当两个反射波相遇时，相互叠加产生高强度拉伸作用，导致材料的破裂。我们可以看到，在动载荷作用下圆柱体是沿最厚的断面（拐角）破裂的。这用静载荷的作用理论是不能解释的。当然这有一个前提，就是圆柱体壁足够坚固、足够厚，由炸药爆炸引起的冲击波的压应力不足以使圆柱体完全爆碎，如圆柱体不够坚固，在爆炸冲击波作用下其就会粉碎成很多块，而不仅是拐角破裂。

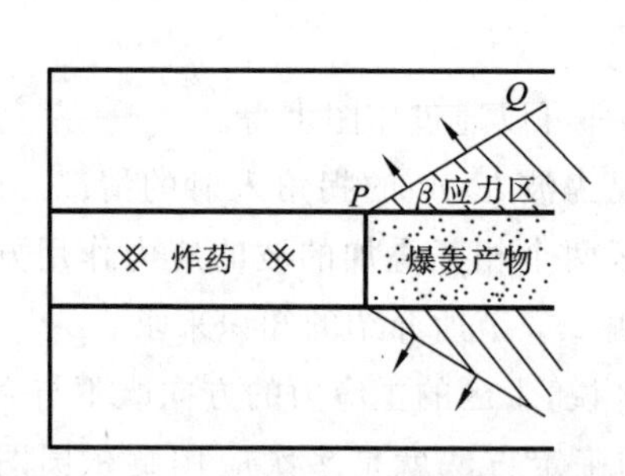

图 2.32 金属圆柱体中圆柱形装药爆炸的应力状态

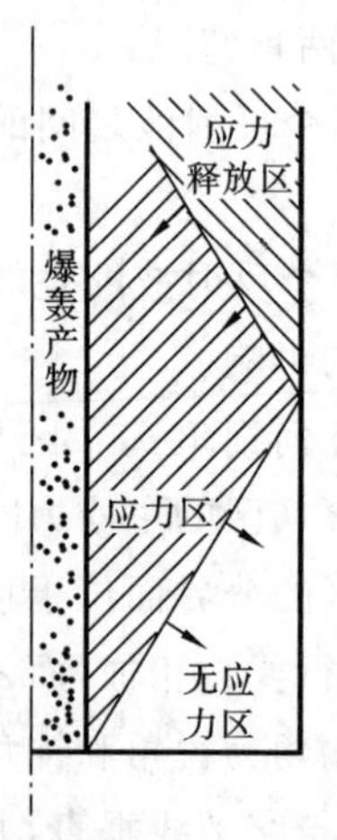

图 2.33 金属圆柱体中圆柱形波引起拐角破裂的机理

下面我们再来看几个金属系统爆炸拐角破裂原理的示意图。

集中装药在立方体中爆炸引起的破裂情况如图 2.34 所示。

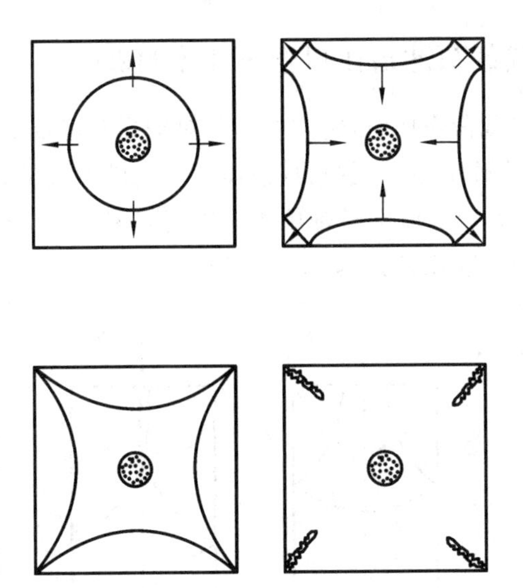

图 2.34　集中装药在立方体中爆炸引起的破裂情况

具有星形断面的圆柱筒爆炸后的破裂情况如图 2.35 所示。

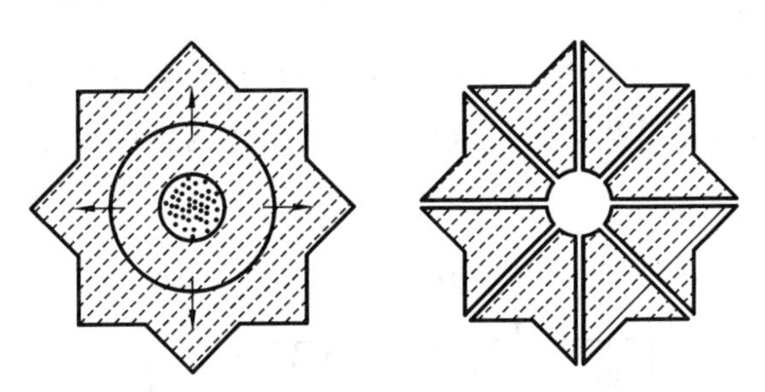

图 2.35　星形断面的柱体爆炸后的破裂情况

有凹槽的圆柱筒内部装药爆炸后引起的破裂情况如图 2.36 所示。

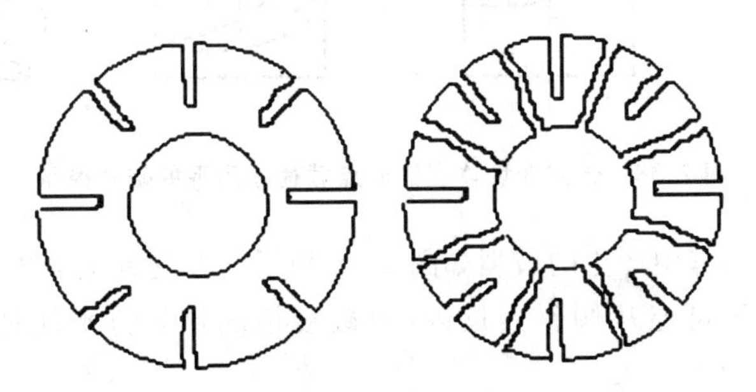

图 2.36　有凹槽的圆柱筒内部装药爆炸后引起的破裂情况

2.8.4　点载荷、线载荷冲击作用下块柱体的破裂

当材料受到冲击载荷作用时，物体的形状对破裂有着重要的影响，下面我们讨论点载荷、线载荷冲击作用下，由拐角反射所引起的破裂模型。

(1) 当在一个长方形块体中沿轴施加一个冲击载荷时，最可能产生破裂的位置在长方形块体的中央和拐角处，如图 2.37 所示。

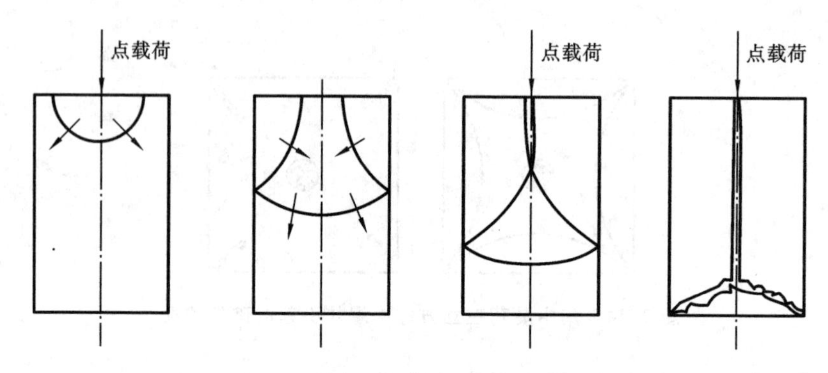

图 2.37　长方形块体在点载荷作用下的破裂模型

(2) 当一个载荷偏离长方形块体的中心时，最可能产生破裂的位置不是在载荷的正下方，而是在与载荷的位置以长方形块体的轴成平面镜像的位置，如图 2.38 所示。

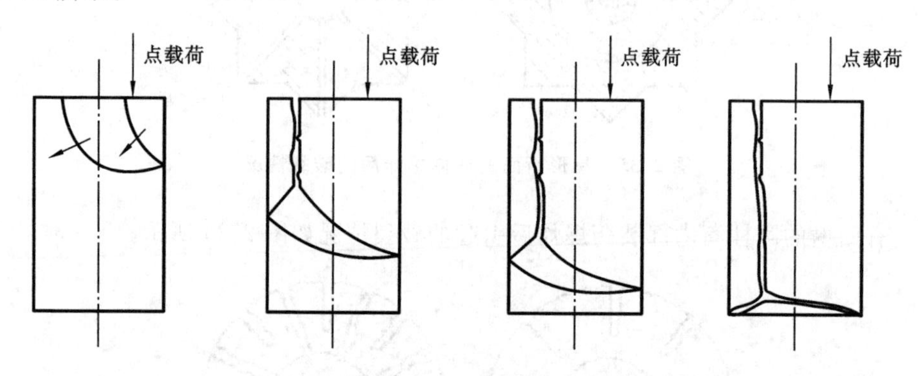

图 2.38　长方形块体在偏心点载荷作用下的破裂模型

(3) 在单尖斜劈中产生的破裂如图 2.39 所示。在这种破裂中，因为一部分波损失了，所以波不可能从倾斜面反射，故破裂情况比长方形块体轻，如图 2.39 所示。

(4) 在双尖劈中产生的破裂模型如图 2.40 所示。

(5) 在各种不同厚度的板上，点载荷引起的破裂模型如图 2.41 所示。

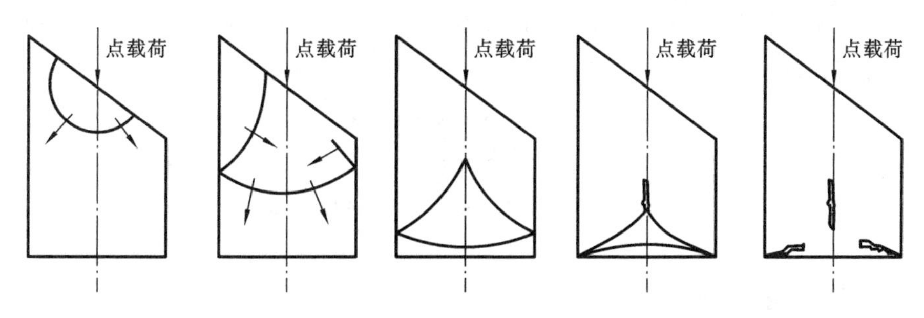

图 2.39　单尖劈在点载荷作用下的破裂模型

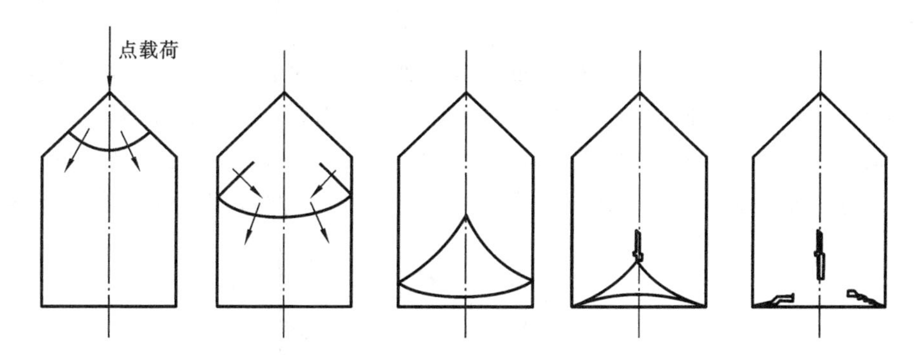

图 2.40　双尖劈在点载荷作用下的破裂模型

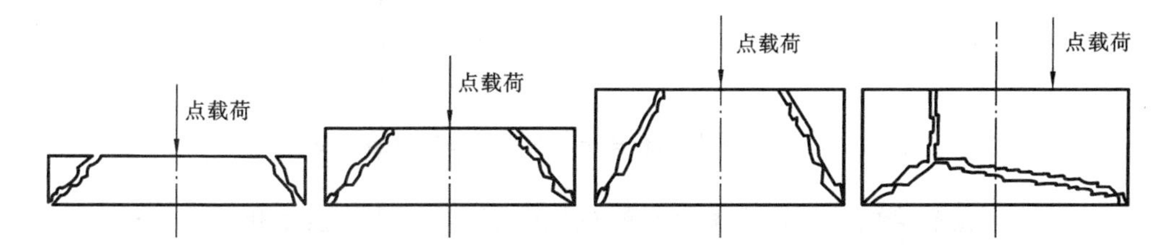

图 2.41　不同厚度的板在点载荷作用下的破裂模型

2.9　剥落破裂

剥落破裂是由于高强度的应力波从自由面反射，反射波与未反射的入射波在自由面附近叠加造成的。

如图 2.42 所示，将炸药紧贴着一个圆柱体引爆，与炸药相接触的材料会被炸坏，有时材料背面也会产生破坏。一个物体高速碰撞另一个物体，会对物体的反面造成破坏。例如，当穿甲弹打在坦克上时，坦克装甲内壁会产生破片，对坦克内的人员、设备造成破坏。材料的强度，如破裂强度、与介质的各向异性将主要影响剥落过程的特性。

图 2.42　炸药接触爆炸引起的剥落模型

2.9.1　产生剥落破裂的动力学

剥落破裂是已经反射为拉伸波的入射压缩波与尚未反射的入射波在靠近自由面处叠加的结果。

如图 2.43 所示，一个锯齿形压缩波垂直地冲击一个自由面，在自由面上反射为一个同等强度的拉伸波。对于许多脆性介质如岩石、混凝土、铸铁等，它们可以承受很大的压应力，但其抗拉强度却不大，只有抗压强度的几分之一或十几分之一。所以有时压缩波不能引起材料的破坏，反射拉伸波却可以造成材料的破坏。

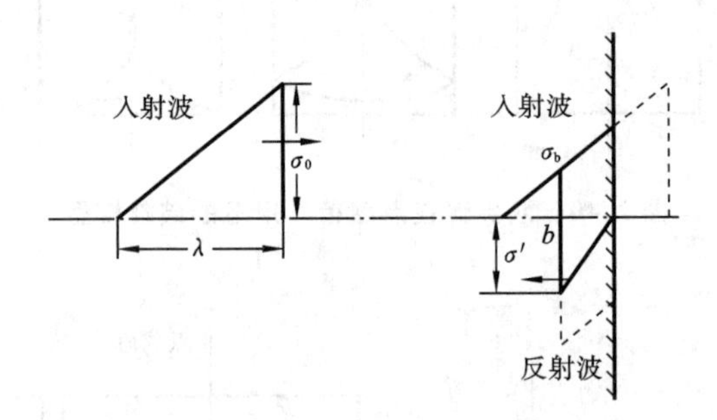

图 2.43　锯齿形波在自由面附近产生的剥落模型

发生剥落破裂的位置取决于材料的抗拉强度、入射波的强度和形状。对于锯齿形波，如果波前的强度为 σ_0，波长为 λ，材料的动态极限抗拉强度为 σ'，破裂位置入射波的应力为 σ_b，则在破裂面处有

$$\begin{cases} \sigma_0 - \sigma_b = \sigma' \\ \sigma_b = \left(1 - \dfrac{s_b}{\lambda}\right)\sigma_0 \end{cases} \tag{2.42}$$

计算得

$$s_b = \frac{\sigma'}{\sigma_0}\lambda \tag{2.43}$$

剥落是在入射波与反射波叠加后发生的，剥落片的厚度等于 s_b 的一半，即

$$d = \frac{1}{2}s_b \tag{2.44}$$

式中：d 为剥落面与自由面的距离，即剥落块的厚度。

对于图 2.44 所示的方形波，如果产生剥落，剥落总是发生在距自由面$\frac{1}{2}\lambda$处。因为方形波叠加区的应力为零。对于梯形波，如果发生剥落，剥落的位置总是在大于$\frac{1}{4}\lambda$处，剥落块厚度 $d=\frac{1}{4}\lambda+\frac{\sigma'}{4\sigma}\lambda$。

对于图 2.45 所示的指数衰减波：

$$\begin{cases}\sigma=\sigma_0 e^{-\alpha t}\\ \sigma_b=\sigma_0-\sigma'\\ \sigma_b=\sigma_0 e^{-\alpha t_b}\end{cases} \tag{2.45}$$

式中：t_b 为入射波中应力 σ_b 所对应的时间。

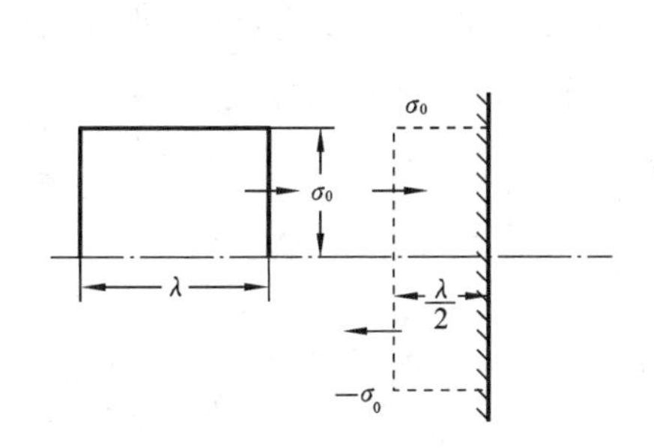

图 2.44　方形波在自由面附近产生的剥落模型

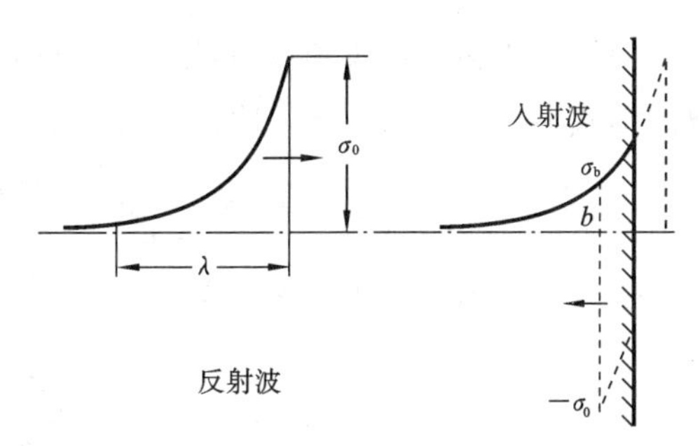

图 2.45　指数衰减波在自由面附近产生的剥落模型

计算得

$$\begin{cases}t_b=\dfrac{\ln\left(\dfrac{\sigma_0-\sigma'}{\sigma_0}\right)}{-\alpha}\\ s_b=t_b c_1=\left[\ln\left(\dfrac{\sigma_0-\sigma'}{\sigma_0}\right)\Big/-\alpha\right]c_1\\ d=\dfrac{1}{2}s_b\end{cases} \tag{2.46}$$

2.9.2　坚固材料的剥落

均质的、各向同性、抗压强度远大于抗拉强度的脆性材料，受到冲击载荷作用时容易产生剥落现象。

当入射波的强度较高时，还会产生多层剥落，即几个平行并列的破裂，此时应力波阵面的应力水平大于材料介质抗拉强度的两倍以上。

例如，一个指数衰减波，波前压力为 σ_0，材料抗拉强度为 σ'，当 $\sigma_b=\sigma_0-\sigma'$ 时，第一个剥落发生，此时剥落片厚度 d_1 为

$$d_1=\frac{1}{2}\left[\ln\left(\frac{\sigma_0-\sigma'}{\sigma_0}\right)\Big/-\alpha\right]c_1 \tag{2.47}$$

第一块剥落片的飞离速度为

$$V_1=\frac{\int_0^{t_1}\sigma(t)\mathrm{d}t}{\rho d_1} \tag{2.48}$$

时间为

$$t_1=\frac{\ln\left(\frac{\sigma_0-\sigma'}{\sigma_0}\right)}{-\alpha} \tag{2.49}$$

当第一块剥落片飞离以后，原入射波的 σ_b 以后的部分就发生反射，此时入射波的形式为：$\sigma'(t)=\sigma_b e^{-\alpha t}$。同样，我们可以算出第二块剥离片的厚度 d_2：

$$d_2=\frac{1}{2}\left[\ln\left(\frac{\sigma_b-\sigma'}{\sigma_b}\right)\Big/-\alpha\right]c_1 \tag{2.50}$$

第二块剥离片的飞离速度 V_2 为

$$V_2=\frac{\int_0^{t'}\sigma'(t)\mathrm{d}t}{\rho d_2} \tag{2.51}$$

依此类推，我们可以算出 d_3、d_4、d_5、…、d_n，其中，

$$n=\frac{\sigma_0}{\sigma'} \tag{2.52}$$

式中：n 为坚固材料剥落的块数，取整数。

对于指数衰减波，从公式中可以看出：$d_2>d_1$。即对于各向同性介质，当材料中传播的是一个指数衰减波时，多层剥落片的厚度越来越厚。

2.9.3 层状材料的剥落

材料的结构对剥落模型有很大的影响，有些材料并非各向同性的，而是具有层状结构。如图 2.46(a)所示，每层的材料性质都相同，但为较弱的平面所隔开。许多岩石具有这种层状结构，有些金属，特别是杂质很多的轧制钢板也具有这种结构。

如果应力波的运动方向与这些层面垂直，如图 2.46(b)所示，则剥落一般发生在薄弱层面上。

如果应力波的运动方向与这些层面平行，如图 2.46(c)所示，则剥落模型不受层面影响，与均质材料一样。

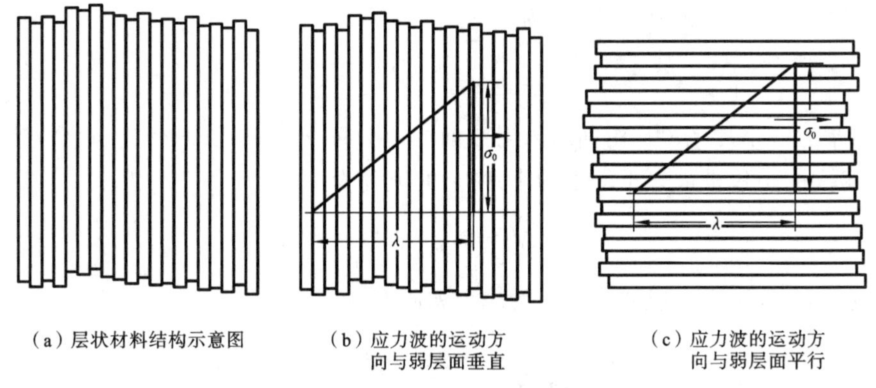

（a）层状材料结构示意图

（b）应力波的运动方向与弱层面垂直

（c）应力波的运动方向与弱层面平行

图 2.46　层状材料的剥落模型

2.9.4　无黏结力材料的剥落

当应力波在土壤、粉状体、液体等无黏结力或黏结力很小的材料中传播时，在这些材料的自由面上也会发生剥落现象，这些材料所能承受的拉应力极小，如图 2.47 所示，一有反射波产生，材料就发生剥落。

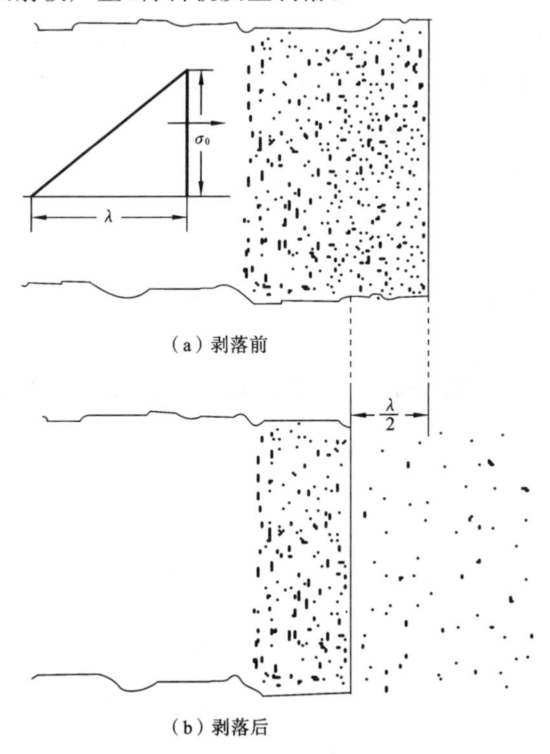

（a）剥落前

（b）剥落后

图 2.47　无黏结力材料的剥落模型

任何一小片的飞离速度 V_p 为

$$V_p = 2\frac{\sigma_p}{\rho c_1} \tag{2.53}$$

式中：σ_p 为一小片飞离自由面时入射波前的应力；ρ、c_1 为材料的密度与纵波速度。速度最大的小片是最先飞出去的小片，它的速度为

$$V_0 = 2u_0 = 2\frac{\sigma_0}{\rho c_1} \tag{2.54}$$

式中：σ_0、u_0 分别为入射波阵面上的应力和质点速度。

思考题

1. 什么是冲击载荷？
2. 固体介质材料在冲击载荷作用下和静载荷作用下力学性能有什么区别？
3. 平面弹性应力波有什么特点？
4. 弹性球面波运动过后，介质质点的径向应力、切向应力、最大剪切应力是如何随时间变化的？
5. 两个应力波叠加时，纯应力区、纯运动区是如何产生的？
6. 在应力波作用下，固体介质中微小的间隙为什么会闭合？
7. 球面波在自由面上反射后，反射波的波形是如何确定的？
8. 冲击载荷作用下，拐角破裂的原因是什么？
9. 应力波作用下，剥落破裂的机理是什么？

参考文献

[1] 莱茵哈特. 固体中的应力瞬变[M]. 杨善元，译. 北京：煤炭工业出版社，1981.

[2] 王礼立. 应力波基础[M]. 北京：国防工业出版社，2005.

第 3 章　应力波运动方程的解

应力波会引起介质材料的状态参数(密度 ρ、应力 σ、内能 e、温度 T、介质质点速度 u 等)发生变化。很多情况下,我们要了解应力波(冲击载荷)作用下介质材料的变化情况,实际上就是要了解应力波(冲击载荷)过后,介质材料的状态参数。本章我们主要介绍应力波(包括冲击波)运动过程中,波后参数与波前参数、冲击载荷强度、材料性能等之间的关系。

3.1　应力波分类

3.1.1　应力波按应力种类分类

应力按种类可分为法向应力和剪切应力,相应地应力波也可分为法向波和剪切波。法向波是法向应力的载波,剪切波是剪切应力的载波。很多时候一个冲击载荷往往同时产生法向波和剪切波,但这两种波在介质中的传播速度不同,传播一段距离后就会互相分离。

法向应力又分为压应力和拉应力,因此法向波又有压缩波和拉伸波之分。对于不传递拉应力的介质,如液体、气体、松散材料,这些物质一般靠流体静压的作用而结合在一起,拉伸波使它们变稀疏,故拉伸波又称为稀疏波。

法向应力使介质微元的体积发生变化,故法向波又称为体积波;剪切应力仅使介质微元的形状发生变化,故剪切波又称为等体积波、形状波或畸变波。

此外,在法向应力和剪切应力的作用下介质微元的运动也有本质的区别。在法向波作用下,介质质点的运动方向与波的传播方向一致,而在剪切波的作用下,介质质点的运动方向与波的运动方向垂直。故此,法向波又称为纵波或 P 波,剪切波则称为横波或 S 波。

3.1.2　应力波按应力大小分类

前面我们介绍了应力波按应力种类的分类,现在我们来看看应力波按应力大小的分类。

应力波的特性,即应力波在介质中的性质和变化,首先取决于介质本身的性质。要透彻了解应力波的传播机制,必须了解介质的一般特征。

通常我们可以用$\sigma=\sigma(\theta)$来表示介质的物理、力学性质。其中σ为应力，θ为相对体积变形。

$$\theta=\frac{V'-V_0}{V_0}=\frac{\Delta V}{V_0} \tag{3.1}$$

式中：V_0为应力波作用前的初始体积；V'为应力波作用后的体积；ΔV为应力波作用前后的体积变化量。

对于应力σ，我们规定压应力为正，拉应力为负；对于θ，我们规定体积减小为正，体积增大为负。

将应力σ与相对体积变形θ的关系用$\sigma=\sigma(\theta)$图表示出来，图3.1(a)代表了液体和气体的σ、θ的关系，图3.1(b)则代表了固体的σ、θ的关系。

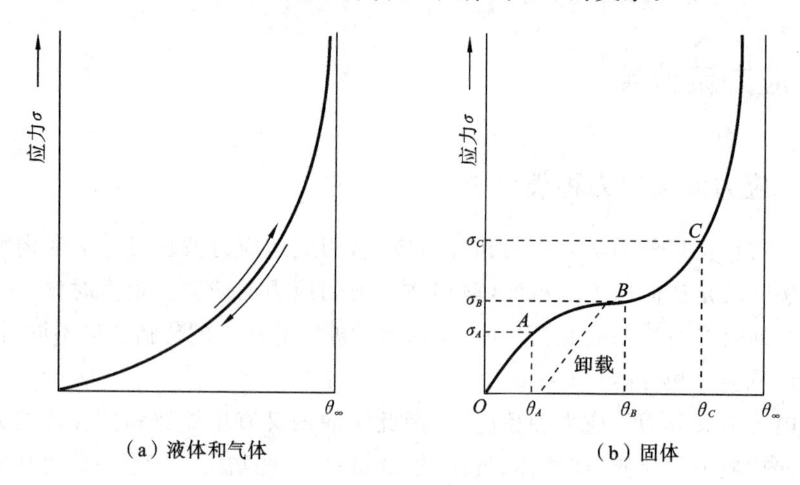

图3.1　应力σ和相对体积变形θ之间的关系

下面我们来讨论受到冲击载荷作用时介质中纵波的传播速度与载荷的强度和材料的性质之间的关系。

假设一应力和介质微元速度分别为无穷小量$d\sigma$和du的应力波，以速度N沿流动方向传播，考察纵向应力波中单位质量横截面积上的质量流动。

设在某一时间t波到达截面AA'，该截面上的密度由原来的ρ变为$\rho+d\rho$，而在时间$t+dt$，波到达截面CC'，如图3.2所示。

由动量守恒定律有

$$d\sigma\cdot dt\cdot s=\rho\cdot N\cdot s\cdot dt\cdot du \tag{3.2}$$

式中：s为微元体的截面面积。

整理后可得

$$\rho N du=d\sigma \tag{3.3}$$

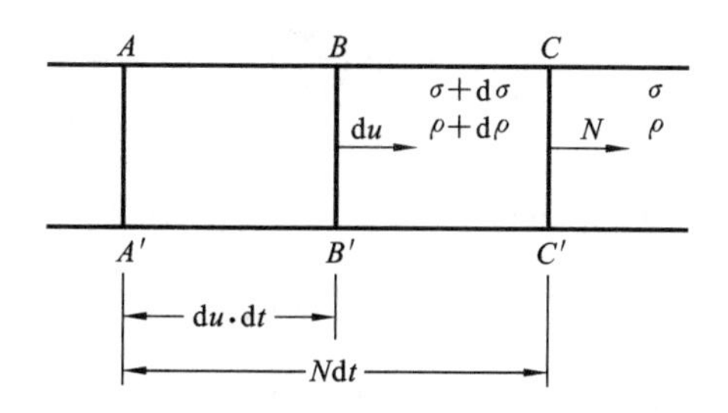

图 3.2　应力波作用下微元体质量流动示意图

由质量守恒定律有

$$\rho \cdot N \cdot \mathrm{d}t \cdot s = s \cdot (\rho + \mathrm{d}\rho) \cdot (N - \mathrm{d}u) \cdot \mathrm{d}t \tag{3.4}$$

整理并忽略二阶小量得

$$N\mathrm{d}\rho = \rho \mathrm{d}u \tag{3.5}$$

联立式(3.3)、式(3.5)可求得

$$N = \sqrt{\frac{\mathrm{d}\sigma}{\mathrm{d}\rho}} \tag{3.6}$$

又由于比容 v、密度 ρ 有如下关系：

$$v = \frac{1}{\rho} \tag{3.7}$$

式中：v 为比容，即单位质量介质的体积。故：

$$\mathrm{d}\theta = -\frac{\mathrm{d}v}{v} = -\mathrm{d}\left(\frac{1}{\rho}\right) \Big/ v = \frac{\mathrm{d}\rho}{\rho^2 v} = \frac{\mathrm{d}\rho}{\rho} \tag{3.8}$$

即有

$$\mathrm{d}\rho = \rho \mathrm{d}\theta \tag{3.9}$$

将式(3.9)代入式(3.6)，得

$$N = \sqrt{\frac{\mathrm{d}\sigma}{\mathrm{d}\rho}} = \sqrt{\frac{\mathrm{d}\sigma}{\rho \mathrm{d}\theta}} \tag{3.10}$$

我们用式(3.10)来说明应力波传播中应力大小的影响。

结合介质材料的 $\sigma=\sigma(\theta)$ 关系图，对于液体、气体及含水土等，从 $\sigma=\sigma(\theta)$ 关系图中可以看出，对应任何一个 θ 值，都有 $\frac{\mathrm{d}\sigma}{\mathrm{d}\theta}>0$、$\frac{\mathrm{d}^2\sigma}{\mathrm{d}\theta^2}>0$，即 $\frac{\mathrm{d}\sigma}{\mathrm{d}\theta}$ 随着 σ 的增大而增大，应力波的传播速度随着 σ 的增大而增大，即高压比低压传播速度快。在此类介质中，任何系列压缩波总要转变成冲击波（即强间断波），此类波阵面上压力和其他参数出现阶跃变化，压力在波阵面上达到最大值，然后越来越小。如果冲击波在传播过程中受到外部干扰，则应力波可恢复到原来的波形（应力值会减小）。从这种意义上来说，它是稳定的冲击波。$\sigma \to 0$ 时的传播速度 $N=c_z$ 称为声速。压力 P' 下的声速为：$c_{zP'}=\left[\left(\frac{1}{\rho'}\right)\left(\frac{d\sigma}{d\theta}\right)_{\sigma=P'}\right]^{\frac{1}{2}}$。这里$\left(\frac{d\sigma}{d\theta}\right)_{\sigma=P'}$是关系式$\sigma=\sigma(\theta)$在$\sigma=P'$时的导数。

对于固体介质，从固体介质的$\sigma=\sigma(\theta)$关系图中可以看出，在压力$0\leqslant\sigma\leqslant\sigma_A$时，应力$\sigma$随$\theta$线性变化，在物理上，这个区域称为弹性区。在弹性区内$\frac{d\sigma}{d\theta}=$常数，即在$0\leqslant\sigma\leqslant\sigma_A$范围内，所有压力波的传播速度$N$都相同，并等于声速，即$N=c_z$，称为弹性波。在弹性波的传播过程中，如果不受外界干扰，则其波形不发生变化。但若其波形因受外力干扰而发生了变化，那么它将以变化的波形继续传播，而不能像在气体、液体中那样恢复到原来的波形。因此在这种情形下只能传播不稳定的应力波。

在压力$\sigma_A\leqslant\sigma\leqslant\sigma_B$时，物质的本构关系变得不同了，即使压力变化很小，固体介质也会发生很大的变形，固体开始表现出一定的流体性质，这一现象在B点到达顶峰。在此区域内$\frac{d\sigma}{d\theta}>0$、$\frac{d^2\sigma}{d\theta^2}<0$，即$\frac{d\sigma}{d\theta}$随着$\sigma$的增大而减小，应力波的传播速度随着$\sigma$的增大而降低，即高压比低压的传播速度慢。在传播过程中，高压滞后于低压，形成所谓的黏塑性应力波。

在压力$\sigma_B\leqslant\sigma\leqslant\sigma_C$时，固体介质的性质变得与液体基本相同，此时，$\frac{d\sigma}{d\theta}>0$、$\frac{d^2\sigma}{d\theta^2}>0$，但在这一区域内，$\frac{d\sigma}{d\theta}$的值比$0\leqslant\sigma\leqslant\sigma_A$区域内的小，即小于声速$c_z$，应力波称为塑性波。在这一区域内的应力波，高压比低压传播得快，但在高压区前有一个弹性先驱波。

当$\sigma>\sigma_C$时，固定介质的性质变得与液体完全相同，在这一区域内有$\frac{d\sigma}{d\theta}>0$、$\frac{d^2\sigma}{d\theta^2}>0$，且$\frac{d\sigma}{d\theta}$的值大于$0\leqslant\sigma\leqslant\sigma_A$区域内的值，即此区域内$N>c_z$，因此，此区域为稳定的冲击波区。

将上面的分析应用到工程爆破中，我们可以画出爆炸波随着传播距离变化的波剖面的变化情况，如图3.3所示。

在装药内部及其附近，爆炸波的压力很大，$P\gg\sigma_C$，爆炸波以远高于声速的速度传播。随着爆炸波传播距离的增大，爆炸波阵面上的压力迅速衰减，在距离爆源$R_C\leqslant R\leqslant R_B$范围内，爆炸波的压力衰减到$\sigma_B\leqslant P\leqslant\sigma_C$，在这一区域内，最大压力滞后，而弹性波前领先。冲击波继续传播，波阵面上的最大压力变得更小，在距离爆源$R_B\leqslant R\leqslant R_A$的范围内，最大应力变为$\sigma_A\leqslant P\leqslant\sigma_B$，此时，最大应力传播得最慢。

随着爆炸波继续向前运动，最大压力进一步降低。

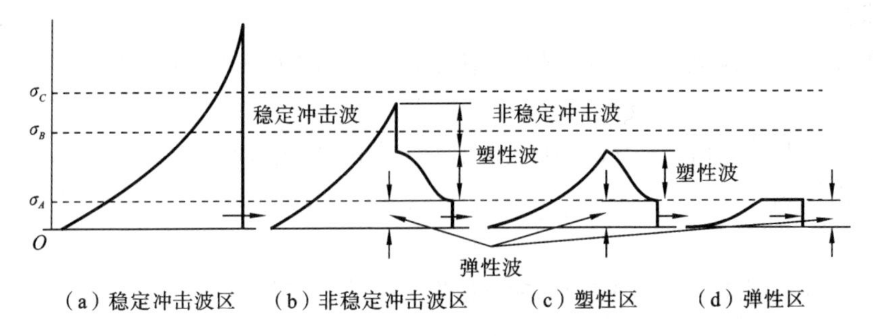

图 3.3　固体中的爆炸波随距离的变化

在 $R_A \leqslant R < \infty$ 的范围内，$0 < P \leqslant \sigma_A$，爆炸波衰减为弹性波，所有的应力以相同的速度传播，波形保持不变，形成所谓的爆破震动。

3.2　一维运动的冲击波

对于一维运动条件下的冲击波，如果不考虑冲击波传播过程中的热损耗，即将冲击波的传播过程看作绝热过程，并且忽略介质内部内摩擦所引起的能量损耗，根据质量守恒、动量守恒以及能量守恒，我们可以得出一维运动条件下冲击波的基本关系式：

$$\begin{cases} \rho_0(D-u_0)=\rho_1(D-u_1) \\ P_1-P_0=\rho_0(D-u_0)(u_1-u_0) \\ (e_1-e_0)+(u_1^2-u_0^2)/2=(P_1u_1-P_0u_0)/[\rho_0(D-u_0)] \end{cases} \tag{3.11}$$

式中：D 为冲击波速度；P_0、ρ_0、u_0、e_0 分别为冲击波阵面前介质的压力、密度、质点速度和内能；P_1、ρ_1、u_1、e_1 分别为冲击波阵面后介质的压力、密度、质点速度和内能。

对于波前静止的介质，$u_0=0$，此时，质量守恒和动量守恒方程变为

$$\begin{cases} \rho_0 D=\rho_1(D-u_1) \\ P_1-P_0=\rho_0 D u_1 \end{cases} \tag{3.12}$$

从质量守恒和动量守恒方程中解出 D、u_1，代入能量守恒方程，可得能量守恒方程的另一个表达形式：

$$e_1-e_0=\frac{1}{2}(P_1+P_0)\left(\frac{1}{\rho_0}-\frac{1}{\rho_1}\right) \tag{3.13}$$

如果介质的初始状态已知，即 P_0、ρ_0、u_0、e_0 已知，则在质量守恒、动量守恒、能量守恒三个守恒方程中，就只有 D、P_1、ρ_1、u_1、e_1 五个未知数，若再知道介质的状态

方程 $P=P(\rho)$，那么，对于任意冲击波，只要知道 D、P_1、ρ_1、u_1、e_1 中的任一参数，就可以求出另外四个值。

最简单的情况就是介质为理想气体，对于单位质量理想气体，其状态方程为

$$PV=RT \tag{3.14}$$

式中：P 为理想气体的压力；V 为理想气体的体积；R 为气体常数。

其内能为

$$e=C_vT \tag{3.15}$$

式中：e 为单位质量理想气体的内能；C_v 为气体的定容热容。

$$\begin{cases}R=C_p-C_v\\ \kappa=\dfrac{C_p}{C_v}\end{cases} \tag{3.16}$$

式中：C_p 为气体的定压热容；κ 为理想气体的等熵指数，对于空气，一般取 $\kappa=1.4$。

将式(3.16)、式(3.14)代入式(3.15)，得

$$e=\frac{PV}{\kappa-1}=\frac{P}{\rho(\kappa-1)} \tag{3.17}$$

将式(3.17)代入能量守恒方程式(3.13)，得

$$\frac{P_1}{\rho_1(\kappa_1-1)}-\frac{P_0}{\rho_0(\kappa_0-1)}=\frac{1}{2}(P_1+P_0)\left(\frac{1}{\rho_0}-\frac{1}{\rho_1}\right) \tag{3.18}$$

对于中等强度的冲击波，可以近似地认为 $\kappa_1=\kappa_0=\kappa$，那么式(3.18)变为

$$\frac{P_1}{\rho_1(\kappa-1)}-\frac{P_0}{\rho_0(\kappa-1)}=\frac{1}{2}(P_1+P_0)\left(\frac{1}{\rho_0}-\frac{1}{\rho_1}\right) \tag{3.19}$$

化简得

$$\frac{P_1}{P_0}=\frac{(\kappa+1)\rho_1-(\kappa-1)\rho_0}{(\kappa+1)\rho_0-(\kappa-1)\rho_1} \tag{3.20}$$

这个方程就是理想气体中冲击波的绝热方程，又称为于戈尼奥方程。

3.3 运动方程的特征线、黎曼(Riemann)不变量

介质除了可传播冲击波外，还会大量地传播一些弱扰动波。所谓弱扰动波，就是当波到达空间内任意点时，该点的状态参数 P、ρ、u 及 c_z 只发生无穷小的变化，而它们的导数的变化是有限的。一般冲击波过后，总是紧跟着就产生一些弱扰动波。

如图 3.4 所示，设 $t=0$ 时刻，在介质中传播一沿 x 方向的一维平面弱扰动波。

弱扰动波到达前，介质处于静止状态。沿 $+x$ 方向传播的弱扰动波将以声速 $+c_0$ 传播，沿 $-x$ 方向传播的弱扰动波将以声速 $-c_0$ 传播。若在弱扰动波到达前，

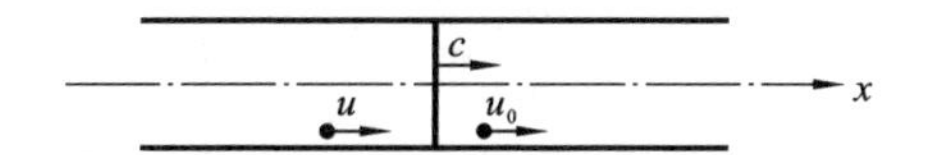

图 3.4　沿 $+x$ 方向运动的弱扰动波

介质质点沿 $+x$ 方向以速度 u_0 运动，那么，沿 $+x$ 方向传播的弱扰动波的运动速度就为 u_0+c_0，沿 $-x$ 方向传播的弱扰动波的运动速度就为 u_0-c_0。因此，我们可知，对静止的和运动的介质分别传播沿 $+x$ 和 $-x$ 方向的两种应力波，弱扰动波的运动速度分别为

$$\begin{cases}\dfrac{\mathrm{d}x}{\mathrm{d}t}=\pm c_z\\[2ex]\dfrac{\mathrm{d}x}{\mathrm{d}t}=u_0\pm c_z\end{cases}\tag{3.21}$$

式中：c_z 为应力波的波速。

我们将弱扰动波沿其传播的曲线称为特征线，在 x-t 平面内，两条特征线分别对应于沿 x 轴正方向和负方向传播的弱扰动波。我们可以应用存在的某些关系来定出扰动波的传播规律而不必求解运动方程。

下面我们来研究一维非定常平面运动的流体力学方程。

1. 连续方程(质量方程)

对于一个一维平面运动，如图 3.5 所示，我们考察一个微小的体积单元 。按质量守恒定律，单位时间内通过截面 1 流入的介质质量与从截面 2 流出的介质质量之差，应该等于这两个截面之间的介质质量的改变量。

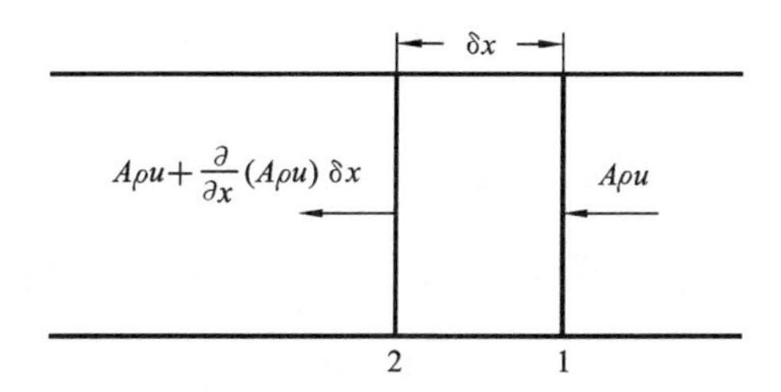

图 3.5　弱扰动条件下微体积单元 δx 的质量流动示意图

单位时间内流入截面 1 的质量为 m_1：

$$m_1=A\rho u\tag{3.22}$$

式中：A 为所取体积单元 x 轴方向的面积；ρ 为截面 1 处介质的密度；u 为介质质点的初始运动速度。

单位时间内流出截面 2 的质量为 m_2：

$$m_2 = A\rho u + \frac{\partial}{\partial x}(A\rho u)\delta x \tag{3.23}$$

式中：δx 为微元体的长度。

而单位时间内截面 1 和截面 2 之间介质质量的变化量 Δm 为

$$\Delta m = \frac{\partial}{\partial t}(A\rho\delta x) \tag{3.24}$$

根据质量守恒，有

$$m_1 - m_2 = \Delta m \tag{3.25}$$

将式(3.22)、式(3.23)、式(3.24)代入式(3.25)得

$$A\rho u - \left[A\rho u + \frac{\partial}{\partial x}(A\rho u)\delta x\right] = \frac{\partial}{\partial t}(A\rho\delta x) \tag{3.26}$$

整理得

$$\frac{\partial\rho}{\partial t} + u\frac{\partial\rho}{\partial x} + \rho\frac{\partial u}{\partial x} = 0 \tag{3.27}$$

2. 欧拉方程(动量方程)

我们将一般动力学的牛顿第二运动定律应用到流体介质中，就可以得出欧拉方程，即动量方程。

如图 3.6 所示，我们取一个微小的质量微元来考察它任意时刻的运动变化情况。任意时刻介质质量微元截面 1 上所受的压力 F_1 为

$$F_1 = PA \tag{3.28}$$

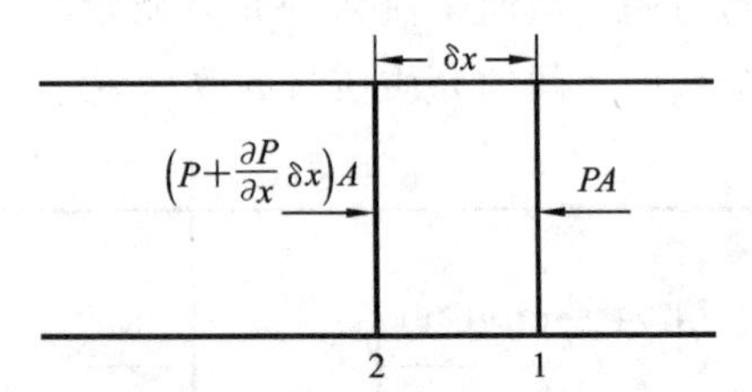

图 3.6　弱扰动条件下微体积单元 δx 的冲量作用示意图

截面 2 上所受的压力 F_2 为

$$F_2 = \left(P + \frac{\partial P}{\partial x}\delta x\right)A \tag{3.29}$$

即任意时刻外界作用在微元上的合力 F 为

$$F = PA - \left(P + \frac{\partial P}{\partial x}\delta x\right)A = -\frac{\partial P}{\partial x}\delta x A \tag{3.30}$$

按照牛顿第二运动定律，此作用力等于介质微元质量 $\rho A\delta x$ 与其所获得的加速度 $\frac{\mathrm{d}u}{\mathrm{d}t}$ 的乘积，即

$$-\frac{\partial P}{\partial x}\delta x A=\rho A\delta x\frac{\mathrm{d}u}{\mathrm{d}t} \tag{3.31}$$

又由于 u 是 x、t 的函数,$u=u(x,t)$,故

$$\frac{\mathrm{d}u}{\mathrm{d}t}=\frac{\partial u}{\partial t}+\frac{\partial u}{\partial x}\frac{\mathrm{d}x}{\mathrm{d}t}=\frac{\partial u}{\partial t}+u\frac{\partial u}{\partial x} \tag{3.32}$$

将式(3.31)代入式(3.32),即得到平面一维流动的欧拉方程:

$$\frac{\partial u}{\partial t}+u\frac{\partial u}{\partial x}+\frac{1}{\rho}\frac{\partial P}{\partial x}=0 \tag{3.33}$$

再假设已知介质的状态方程为

$$P=P(\rho) \tag{3.34}$$

我们就可以得到弱扰动条件下应力波的一维运动方程组:

$$\begin{cases}\dfrac{\partial \rho}{\partial t}+u\dfrac{\partial \rho}{\partial x}+\rho\dfrac{\partial u}{\partial x}=0\\[2mm] \dfrac{\partial u}{\partial t}+u\dfrac{\partial u}{\partial x}+\dfrac{1}{\rho}\dfrac{\partial P}{\partial x}=0\\[2mm] P=P(\rho)\end{cases} \tag{3.35}$$

再依据声速的表达式 $c_z^2=\dfrac{\partial P}{\partial \rho}$ 和微分变换 $\dfrac{\partial \rho}{\rho}=\partial(\ln\rho)$、$\dfrac{\partial P}{\rho}=c_z^2\partial(\ln\rho)$,将其代入式(3.35)可得

$$\begin{cases}\dfrac{\partial(\ln\rho)}{\partial t}+u\dfrac{\partial(\ln\rho)}{\partial x}+\dfrac{\partial u}{\partial x}=0\\[2mm] \dfrac{\partial u}{\partial t}+u\dfrac{\partial u}{\partial x}+c_z^2\dfrac{\partial(\ln\rho)}{\partial x}=0\end{cases} \tag{3.36}$$

将式(3.36)中第一式两边同乘以 c_z 后,与第二式相加减得

$$\left[\frac{\partial u}{\partial t}\pm c_z\frac{\partial(\ln\rho)}{\partial t}\right]+u\left[\frac{\partial u}{\partial x}\pm c_z\frac{\partial(\ln\rho)}{\partial x}\right]+c_z\left[c_z\frac{\partial(\ln\rho)}{\partial x}\pm\frac{\partial u}{\partial x}\right]=0 \tag{3.37}$$

又有:

$$\begin{cases}\dfrac{\partial u}{\partial t}\pm c_z\dfrac{\partial(\ln\rho)}{\partial t}=\dfrac{\partial}{\partial t}\left[u\pm\displaystyle\int c_z\mathrm{d}(\ln\rho)\right]\\[2mm] \dfrac{\partial u}{\partial x}\pm c_z\dfrac{\partial(\ln\rho)}{\partial x}=\dfrac{\partial}{\partial x}\left[u\pm\displaystyle\int c_z\mathrm{d}(\ln\rho)\right]\\[2mm] c_z\dfrac{\partial(\ln\rho)}{\partial x}\pm\dfrac{\partial u}{\partial x}=\pm\dfrac{\partial}{\partial x}\left[u\pm\displaystyle\int c_z\mathrm{d}(\ln\rho)\right]\end{cases} \tag{3.38}$$

将式(3.38)代入式(3.37)并整理得

$$\frac{\partial}{\partial t}\left[u\pm\int c_z\mathrm{d}(\ln\rho)\right]+(u\pm c_z)\frac{\partial}{\partial x}\left[u\pm\int c_z\mathrm{d}(\ln\rho)\right]=0 \tag{3.39}$$

式(3.39)表示了在介质中传播的弱扰动波的扰动区各参数之间的关系。

我们知道，当弱扰动波在介质中传播时，传播轨迹为两簇特征线：

$$\frac{\mathrm{d}x}{\mathrm{d}t}=u\pm c_z \tag{3.40}$$

将式(3.40)代入式(3.39)，可得

$$\frac{\partial}{\partial t}\left[u\pm\int c_z\mathrm{d}(\ln\rho)\right]+\frac{\mathrm{d}x}{\mathrm{d}t}\frac{\partial}{\partial t}\left[u\pm\int c_z\mathrm{d}(\ln\rho)\right]=0 \tag{3.41}$$

沿特征线，该偏微分方程的解为

$$\frac{\mathrm{d}}{\mathrm{d}t}\left[u\pm\int c_z\mathrm{d}(\ln\rho)\right]=0 \tag{3.42}$$

即

$$u\pm\int c_z\mathrm{d}(\ln\rho)=常数 \tag{3.43}$$

记

$$\begin{cases}\tilde{r}=\dfrac{1}{2}\left[u+\int c_z\mathrm{d}(\ln\rho)\right]\\ \tilde{s}=\dfrac{1}{2}\left[u-\int c_z\mathrm{d}(\ln\rho)\right]\end{cases} \tag{3.44}$$

写成 1/2 的形式是为了便于以后计算。$\tilde{r}$、$\tilde{s}$ 分别称为第一和第二黎曼不变量。若介质中弱扰动波在 x-t 平面内沿第一簇特征线$\frac{\mathrm{d}x}{\mathrm{d}t}=u+c_z$（$+x$ 方向）运动，则第一黎曼不变量$\tilde{r}=$常数。反之，若介质中弱扰动波在 x-t 平面内沿第二簇特征线$\frac{\mathrm{d}x}{\mathrm{d}t}=u-c_z$（$-x$ 方向）运动，则第二黎曼不变量 $\tilde{s}=$常数。

每一个黎曼不变量的每一个值，对应着 u-c_z 平面内的一条确定的曲线。在 u-c_z平面内沿由给定的第一黎曼不变量的值所确定的曲线的运动与 x-t 平面内沿第一簇特征线的运动相对应。反之，在 u-c_z 平面内沿由给定的第二黎曼不变量的值所确定的曲线的运动与 x-t 平面内沿第二簇特征线的运动相对应。

对于某介质，其状态方程为

$$P=A^{*}\rho^{\kappa}\quad 或\quad P=A^{*}\rho^{\kappa}-B^{*} \tag{3.45}$$

式中：κ 为等熵指数，$\kappa=\frac{C_p}{C_v}$；A^{*}、B^{*} 为与介质性质有关的常数。

有：

$$c_z=\sqrt{\frac{\mathrm{d}P}{\mathrm{d}\rho}}=\sqrt{A^{*}\kappa}\rho^{\frac{\kappa-1}{2}} \tag{3.46}$$

可得

$$\int c_z \mathrm{d}(\ln\rho) = \sqrt{A^* \kappa}\int \rho^{\frac{\kappa-1}{2}} \frac{\mathrm{d}\rho}{\rho} = \sqrt{A^* \kappa}\int \rho^{\frac{\kappa-3}{2}} \mathrm{d}\rho = \frac{2\sqrt{A^* \kappa}}{k-1}\rho^{\frac{\kappa-1}{2}} = \frac{2c_z}{\kappa-1} \tag{3.47}$$

将式(3.47)代入式(3.44)，可以得到第一、第二黎曼不变量的简单表达式

$$\begin{cases} \tilde{r} = \dfrac{1}{2}\left[u + \int c_z \mathrm{d}(\ln\rho)\right] = \dfrac{u}{2} + \dfrac{c_z}{\kappa-1} \\ \tilde{s} = \dfrac{1}{2}\left[u - \int c_z \mathrm{d}(\ln\rho)\right] = \dfrac{u}{2} - \dfrac{c_z}{\kappa-1} \end{cases} \tag{3.48}$$

由此，我们讨论了弱扰动运动方程的一般解

$$\begin{cases} \dfrac{\mathrm{d}x}{\mathrm{d}t} = u \pm c_z \\ u \pm \int c_z \mathrm{d}(\ln\rho) = 常数 \end{cases} \tag{3.49}$$

3.4　爆炸波的初始参数

爆轰波自药包中心朝各个方向传播的实际爆轰可以设想为如下过程：爆轰波在药包边缘撞击在周围介质上，于是冲击波立即在介质中开始传播；与此同时，在交界面处产生一个反射波，反射波通过气态爆轰产物朝药包中心传播，反射波在药包中心汇聚后，又产生一个从药包中心向外传播的新波，接着这个新波撞击到气态产物-介质的交界面上，于是在介质中又产生一个新波，同时在爆轰产物中也产生一个新的朝药包中心传播的反射波。如此继续下去，在气态爆轰产物中，逐渐减弱的一些反射波来回反射。当它们到达气态产物-介质的交界面上时，产生一系列朝介质中传播的逐渐衰减的波。这些波的脉动过程迅速衰减，各参数趋于一个假定的平均值。波在气态产物中反射时，气态产物的体积逐渐增加，直至达到一个最大值。在膨胀到体积最大的瞬间，气态爆轰产物的压力低于周围介质的压力，这是由于气态产物的惯性造成的。由于介质的超压，气态爆轰产物朝相反的方向运动，即朝爆炸中心的方向运动，运动一段时间后，气态产物的超压再次形成，并开始新的膨胀，如此反复进行。

下面我们来讨论爆轰波撞击介质的交界面时，在介质中形成的冲击波的初始参数。如图3.7所示，爆轰波撞击界面时，在介质中传播一个冲击波，在爆轰产物中产生一个反射波，反射波可能是冲击波，也可能是稀疏波。

在反射稀疏波时，$P_D > P_x$，P_D 是交界面上爆轰波压力，P_x 为交界面上介质的冲击波压力；在反射冲击波时，$P_D < P_x$。

至于反射哪种波，主要取决于爆轰产物和介质的密度及可压缩性，到目前为

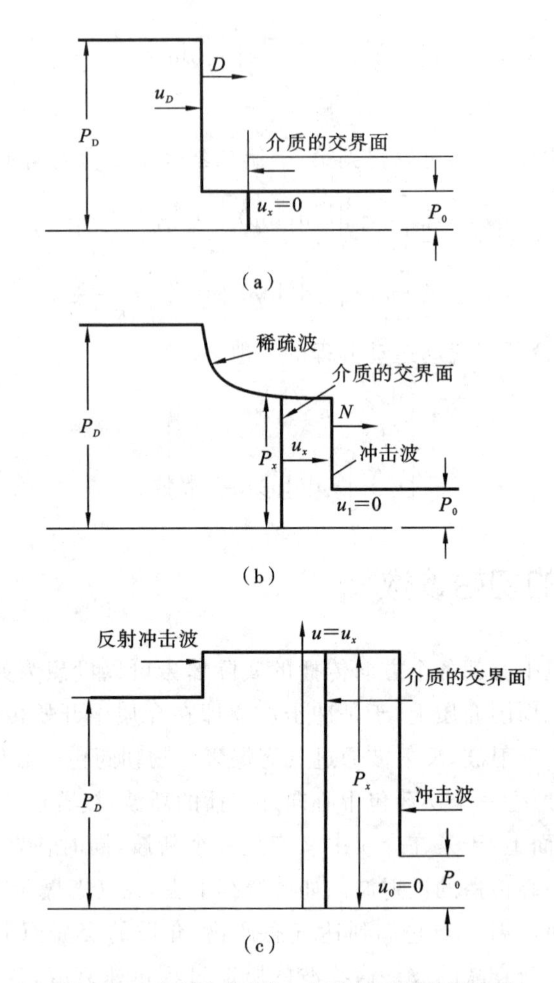

图 3.7　冲击波在药包-介质交界面处的作用

止，还没有具体的解析式可给出精确的预测。但许多情况下的预测是十分确定的，如：若 $\rho_D \gg \rho_0$，则反射稀疏波；若 $\rho_D \ll \rho_0$，则反射冲击波。

下面我们首先讨论 $P_D > P_x$ 的情况（此时反射的是稀疏波）。在两种介质的交界面上爆轰产物一侧有

$$u_x = u_D + u_z \tag{3.50}$$

式中：u_x 为交界面介质一侧的质点速度；u_D 为爆轰波作用下爆轰产物的质点速度，$u_D = \dfrac{1}{\kappa+1}D$；$u_z$ 为稀疏波作用下爆轰产物的质点速度变化量。

对于速度 u_z，有

$$\mathrm{d}u_z = \frac{\mathrm{d}P}{\rho c_z} \tag{3.51}$$

$$u_z=\int_{P_x}^{P_D}\frac{\mathrm{d}P}{\rho c_z} \tag{3.52}$$

式中：ρ 为交界面一侧爆轰产物的密度；c_z 为交界面一侧爆轰产物的声速。
若爆轰产物状态方程为

$$P=A^*\rho^\kappa \quad 或 \quad P=A^*\rho^\kappa-B^* \tag{3.53}$$

则

$$\begin{cases} c_z=\sqrt{\dfrac{\mathrm{d}P}{\mathrm{d}\rho}}=\sqrt{A^*\kappa}\rho^{\frac{\kappa-1}{2}} \\ \dfrac{c_z}{c_{zD}}=\left(\dfrac{\rho}{\rho_D}\right)^{\frac{\kappa-1}{2}}=\left(\dfrac{P}{P_D}\right)^{\frac{\kappa-1}{2\kappa}} \end{cases} \tag{3.54}$$

式中：c_{zD} 为爆轰波后爆轰产物的声速。

将 ρ、c_z 代入 u_z 表达式并积分有

$$u_z=\frac{P_D^{\frac{\kappa+1}{2\kappa}}}{\rho_D c_{zD}}\int_{P_x}^{P_D}P^{\frac{-(\kappa+1)}{2\kappa}}\mathrm{d}P=\frac{2\kappa P_D}{(\kappa-1)\rho_D c_{zD}}\times\left[1-\left(\frac{P_x}{P_D}\right)^{\frac{\kappa-1}{2\kappa}}\right] \tag{3.55}$$

考虑到：

$$\begin{cases} c_{zD}^2=\dfrac{\kappa P_D}{\rho_D} \\ c_{zD}=\dfrac{\kappa}{\kappa+1}D \end{cases} \tag{3.56}$$

式中：ρ_D 为爆轰波后爆轰产物的密度；D 为炸药的爆速。

将式(3.56)代入式(3.55)，得

$$u_z=\frac{2\kappa D}{\kappa^2-1}\left[1-\left(\frac{P_x}{P_D}\right)^{\frac{\kappa-1}{2\kappa}}\right]=\frac{2}{\kappa-1}(c_{zD}-c_x) \tag{3.57}$$

将式(3.57)和 $u_D=\dfrac{1}{\kappa+1}D$ 代入 $u_x=u_D+u_z$ 有

$$u_x=\frac{D}{\kappa+1}\left\{1+\frac{2\kappa}{\kappa-1}\left[1-\left(\frac{P_x}{P_D}\right)^{\frac{\kappa-1}{2\kappa}}\right]\right\} \tag{3.58}$$

冲击波过后，对于介质，有

$$\begin{cases} \rho_0 N=\rho(N-u) \\ P-P_0=\rho_0 Nu \end{cases} \tag{3.59}$$

消去式(3.59)中的 N，有

$$u_x=\sqrt{(P_x-P_0)\left(\frac{1}{\rho_0}-\frac{1}{\rho_x}\right)} \tag{3.60}$$

式中：P_0、ρ_0 分别为冲击波阵面前介质的压力和密度；P_x、ρ_x 分别代表冲击波阵面后介质的压力和密度。

如果已知介质的状态方程,即 $P=P(\rho)$ 的具体表达式,联立以上方程,就可以求出爆炸作用下,介质交界面上冲击波的初始参数。

现在讨论 $P_D<P_x$ 的情况,此时爆轰产物中反射的是冲击波,在交界面的爆轰产物一侧有

$$u_x=u_D-u_r \tag{3.61}$$

式中:u_r 为爆轰产物中反射的冲击波引起的质点速度的变化值。

同样,根据冲击波的质量守恒和动量守恒有

$$u_r=\sqrt{(P_x-P_D)\left(\frac{1}{\rho_D}-\frac{1}{\rho_x'}\right)} \tag{3.62}$$

式中:ρ_x' 为反射冲击波阵面后爆轰产物的密度。若假定爆轰产物为理想气体,则有

$$\frac{P_x}{P_D}=\frac{(\kappa+1)\rho_x'-(\kappa-1)\rho_D}{(\kappa+1)\rho_D-(\kappa-1)\rho_x'} \tag{3.63}$$

在交界面一侧的介质中仍然存在关系式:

$$u_x=\sqrt{(P_x-P_0)\left(\frac{1}{\rho_0}-\frac{1}{\rho_x}\right)} \tag{3.64}$$

同样,在知道介质的状态方程,即 $P=P(\rho)$ 的具体表达式的情况下,联立以上方程,就可以求出反射波为冲击波时,交界面上爆炸波的初始参数。

思 考 题

1. 应力波按应力的种类可分为几种?
2. 应力波按应力的大小如何分类?
3. 什么是冲击波? 冲击波有什么特点?
4. 熟练推导冲击波的三个守恒方程。
5. 黎曼不变量的物理含义是什么?
6. 简述炸药与介质接触爆炸时,应如何确定介质中爆炸波的初始参数。

参考文献

[1] J. 亨利奇. 爆炸动力学及其应用[M]. 熊建国,译. 北京:科学出版社,1986.

[2] 周听清. 爆炸动力学及其应用[M]. 合肥:中国科学技术大学出版社,2001.

[3] 李翼祺,马素贞. 爆炸力学[M]. 北京:科学出版社,1992.

[4] 高尔新. 爆炸力学[M]. 北京:中国矿业大学出版社,1997.

第 4 章　空中爆炸理论及应用

空中爆炸在民用领域的应用不是很多,但其理论在军事上的价值非常重要,因为云爆弹、炮弹、手雷等大多都在空中爆炸,它们的毁伤效应都涉及空中爆炸理论。在民用上,也有一些炸药在空中爆炸的情况,如裸露爆破、爆炸焊接、爆炸硬化等爆炸加工技术多采用炸药在空气中爆炸的方式,对于穿孔装药,特别是地下爆破工程,也不可避免地存在爆炸引起的冲击波在巷道中传播的情况。为了更好地防护爆炸冲击波的危害,我们必须掌握和了解一些空中爆炸理论。在介绍空中爆炸理论之前,首先来了解炸药在空中爆炸时,空中爆炸波的形成和传播。

4.1　大气中爆炸的物理现象

我们知道,炸药的爆炸过程都完成得非常快,一般可以近似将炸药的爆炸看作一个瞬时过程,即不考虑炸药爆炸所需要的时间。炸药爆炸后生成高温、高压的爆轰产物,会产生急剧的膨胀,并迫使周围的气体离开原来的位置。膨胀气体的前沿形成一压缩空气层,即爆炸波(见图 4.1)。

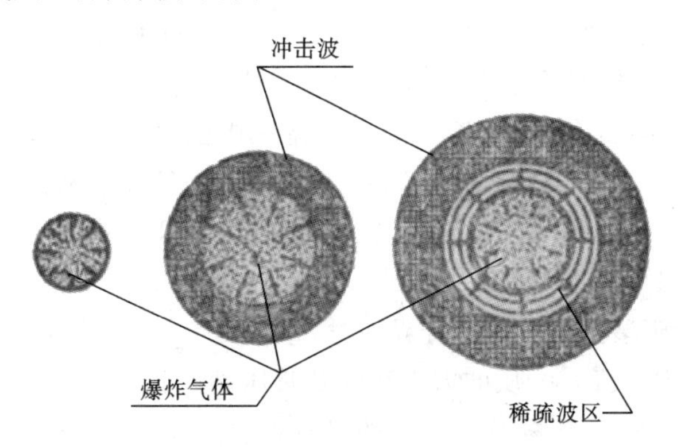

图 4.1　炸药爆炸后爆炸波的传播示意图

化学爆炸的全部能量几乎都集中在爆炸波内。因为冲击波的传播速度大于爆轰产物粒子的运动速度,所以炸药爆炸以后,爆炸波的影响区内不仅存在爆轰产物,而且包含一个压缩空气层。随着爆轰产物体积的不断膨胀,压力逐渐减小,当爆轰产物的压力减小到大气压时,由于惯性气态爆轰产物继续向外运动,形成一个小于大气压的负压区。由于周围的空气压力高于爆轰产物的压力,因此气态爆轰产物质点的速度将逐渐降低并停止运动,然后开始向里运动。随着爆轰产物不断地向里运动,它们的压力又逐渐增大,惯性向里运动的爆轰产物压力会增大到略大于大气压,并重新开始膨胀,如此反复。对受爆炸波影响的区域中的某一点,其压力随时间的变化情况如图 4.2 所示。

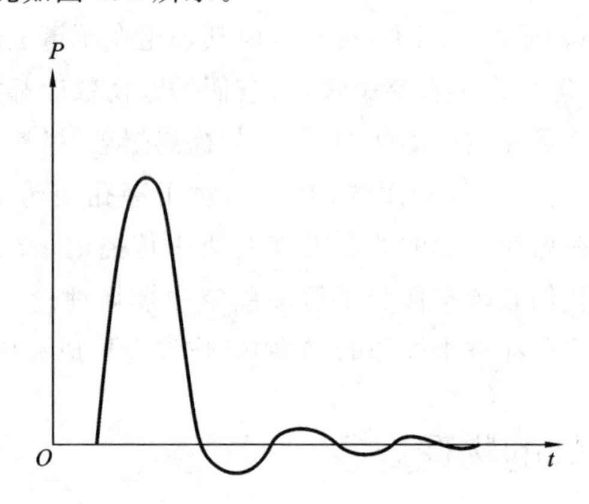

图 4.2 炸药在空中爆炸时某一点处压力随时间的变化示意图

4.1.1 大气中的爆炸现象

炸药在空中爆炸,随着爆轰产物的膨胀,其压力逐渐降低,对冲击波的支持越来越小。实验测试表明,空气冲击波与爆轰产物的断离发生在距离爆炸中心约 (8～15) r_0(r_0 为装药半径)的距离上。空气冲击波与爆轰产物断离后,在爆轰产物与波阵面之间形成压力下降区,在压力下降区中压力逐渐下降到大气压,甚至低于大气压(稀疏区)。在长度达(6～10)r_0 的稀疏区,稀疏波从波阵面移向扰动中心,在波中由于压缩的不可逆性会发生能量的弥散,机械能由于黏性而转变为热能,导致波的压强下降。

在爆轰波接近装药和介质的分界面时,介质中产生冲击波,其初始强度取决于爆轰波参数(D、P、ρ、T)、介质的力学特性及其压缩性和密度。当爆轰产物向某一个介质中飞散时,爆轰产物中所产生的过程的性质取决于两介质(介质-爆轰产物)分界面上的压力突变。如果 $P_D < P_x$(P_D 为爆轰波阵面上的压力,P_x 为介质分界面上的压力),那么反射冲击波便沿着爆轰产物传播。如果在爆轰波接近分界面的瞬间,爆轰产物内的压力下降,那么沿着爆轰产物传播的将是稀疏波。

爆轰产物之后的膨胀速度和压力,随着距离的增大而很快衰减。初期,如同运动的活塞一样,爆轰产物不断地把能量补充给压缩空气层,后来,爆轰产物的能量消耗殆尽,就无力再压缩周围的空气了。实验表明,当冲击波阵面上压力低于 2

MPa 时，爆轰产物的“活塞作用”实际上已经停止了。

最后，大气中的爆炸现象可以概括为：由于炸药爆炸反应的结果，炸药几乎瞬时转换成处于高压（$1\times10^4\sim3\times10^4$ MPa）和高温（$3.5\times10^3\sim4\times10^3$ ℃）状态的爆炸气体（产物），气体猛烈地向周围介质（空气）膨胀，压迫周围介质，形成冲击波，这时爆炸气体中的能量转换成冲击波的能量；由于爆炸气体的能量迅速衰减，直到等于大气压，于是冲击波不再接受爆炸气体的能量，而开始脱离爆炸气体而继续独立地向前传播。由于惯性的作用，爆炸气体质点继续运动，它们的压力下降到低于大气压。由于稀疏波在冲击波后面传播，且周围空气的压力较高，再加上惯性的原因，爆炸气体的压力将逐渐增大，直到稍微超过大气压，并形成使爆炸气体再次膨胀的条件。这样往复数次，形成所谓的“爆炸气体-空气”体系的自由振荡（脉动）。

4.1.2　爆轰产物的膨胀

如果装药是在无限大气中爆炸的，则不难看到，在爆轰产物膨胀的最初阶段，其压力下降非常快。例如，对于中等威力的炸药，在压力 $P\geqslant P_x\approx200$ MPa 时，爆轰产物的膨胀规律可以近似地表示为

$$PV^3=\text{const} \tag{4.1}$$

或

$$\overline{P_D}V_0^3=P_K V_K^3 \tag{4.2}$$

式中：$\overline{P_D}$为爆轰产物的平均初始压力；V_0 为装药的初始容积；V_K 为与压力 P_K 相对应的容积。

为使问题简化，我们设装药为球形（一种最普通的装药形状），则 $V\propto r^3$，$P\propto r^{-9}$，有

$$P=\overline{P_D}\left(\frac{r_0}{r}\right)^9 \tag{4.3}$$

假设爆轰产物的半径 r 膨胀到 $1.5r_0$（r_0 为原始装药的半径），那么压力变化为

$$P=\overline{P_D}\left(\frac{r_0}{1.5r_0}\right)^9\approx0.026\,\overline{P_D} \tag{4.4}$$

式中：$\overline{P_D}=\frac{1}{8}\rho_0D^2$。对于中等威力炸药，$\rho_0=1.6\times10^3\ \text{kg/m}^3$，$D=7000$ m/s、$\overline{P_D}\approx10^4$ MPa，故

$$P_{1.5r_0}=\left(\frac{r_0}{1.5r_0}\right)^9\times10^4\ \text{MPa}\approx260\ \text{MPa} \tag{4.5}$$

由此可知，爆轰产物的半径增加一半时，其压力从 10^4 MPa 下降到 260 MPa。所以，可以得出结论，爆轰产物膨胀的最初阶段压力下降很快。在 $r\geqslant1.5r_0$ 以后，

由于爆轰产物的压力仍很高，它还将继续膨胀，一直到其压力与周围未经扰动介质的压力 P_0 相等为止。爆轰产物压力下降到 P_0 时的体积 V_2 称为爆轰产物极限体积，此时由于爆轰产物的压力 $P<P_K$，所以式(4.2)已不适用，此时的膨胀规律应采用下式：

$$PV^{\gamma}=\text{const} \tag{4.6}$$

式中：γ 是爆轰产物的绝热指数，一般取 1.2～1.4。于是：

$$P_0V_1^{\gamma}=P_KV_K^{\gamma} \tag{4.7}$$

或

$$\frac{V_1}{V_0}=\frac{V_KV_1}{V_0V_K}=\left(\frac{\overline{P_D}}{P_K}\right)^{1/3}\left(\frac{P_K}{P_0}\right)^{1/\gamma} \tag{4.8}$$

若 $\overline{P_D}=10^4$ MPa，$P_K=200$ MPa，$P_0=0.1$ MPa，$\gamma=7/5$，代入式(4.8)，得 $\frac{V_1}{V_0}=50^{1/3}\times2000^{5/7}=800$，膨胀比 $\frac{r_1}{r_0}=\left(\frac{V_1}{V_0}\right)^{1/3}=9.283$。

因此，对于中等威力的炸药，爆轰产物压力降到 P_0 时的体积为原始体积的800～1600 倍。换算成半径时，对于球形装药，极限体积的半径约为原体积半径的10 倍，对于柱形装药约为 30 倍。由此可见，爆轰产物飞散的距离并不大，因而爆轰产物对目标的直接作用距离是很近的。

如前面所述，因为惯性的作用，爆轰产物压力降到 P_0 时并没有停止运动，而是继续膨胀，直到因惯性而产生的效应消失为止。这时爆轰产物膨胀的体积达到最大值(约为(1.3～1.4)V_i)，而压力低于未扰动空气的压力 P_0，因周围空气压力大于爆轰产物的压力，反过来周围空气对爆轰产物进行压缩，而使爆轰产物压力又开始增大，同样由于惯性的作用，爆轰产物的压力又稍大于 P_0，并开始爆轰产物的第二次膨胀和压缩的脉动过程。爆轰产物与周围空气的界面最初是分开的，以后由于脉动过程，特别是分界面周围产生的涡流现象，界面愈来愈模糊，最后爆轰产物与周围空气混合在一起。

4.1.3 爆轰产物的喷流

炸药在空气中爆炸时，假定炸药发生瞬时爆轰，爆轰完成瞬间，有 $P^*/P_0\sim10^5$、$\rho^*/\rho_0\sim10^3$。其中，P^*、ρ^* 为瞬时爆轰完成瞬间爆轰产物内的平均压力和平均密度；P_0、ρ_0 为空气的压力和密度。相比于爆轰产物，空气的压力和密度可以忽略不计，这样一来，炸药在空气中爆炸就可以近似认为在真空中爆炸。

在瞬时爆轰假定条件下，炸药爆炸完成后，爆轰产物内 $P=P^*$，$\rho=\rho^*$；而在周围，$P=P_0=0$、$\rho=\rho_0=0$(见图 4.3(a))。在爆炸完成后，高温高压的爆轰产物要向外膨胀，即周围介质会向爆轰产物内传播一系列稀疏波，爆轰产物向外喷射，简称喷流。从药包边缘（见图 4.3(a)）取面积为 F 的单元 AB，在爆炸完成瞬间，质点 A、B 在 $t=0$ 时刻位于药包边缘，经过时间 $\Delta t(\Delta t>0)$ 后，A、B 运动到 A'、B' 位置，其运动距离为 $u_x\Delta t$，其中 u_x 为质点 A、B 的运动速度。

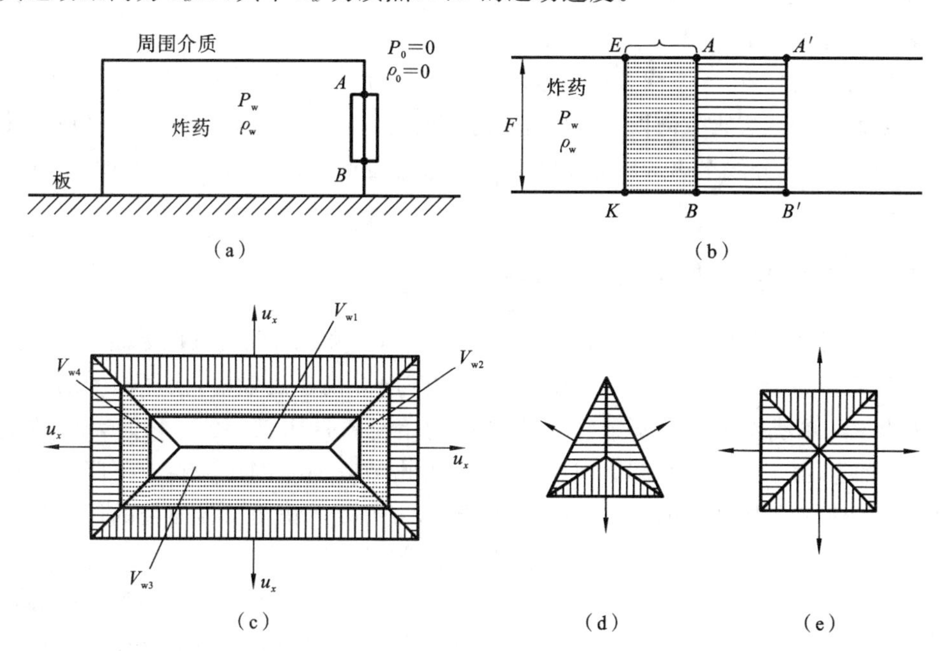

图 4.3　药包周围介质的示意图

在这段时间内，稀疏波波头传播到距离边界较远的质点 E、K 处，E、K 也开始运动。质点 E、K 与药包表面的距离为 $N_x\Delta t$，其中 N_x 为稀疏波的运动速度。

根据质量守恒，体积 $ABEK$ 中的质量等于 $A'B'EK$ 中的质量，即

$$FN_x\Delta t\rho_w=F(N_x+u_x)\Delta t\rho_x \tag{4.9}$$

式中：F 为单元 AB 的面积；ρ_w 为炸药的密度，亦即瞬时爆轰假设条件下，爆轰产物的初始密度；u_x、ρ_x 分别为受到稀疏波影响后的爆轰产物的质点运动速度和密度。

整理可得

$$\rho_x=[N_x/(N_x+u_x)]\rho_w \tag{4.10}$$

根据动量守恒，Δt 时间内作用在微元 $ABEK$ 上的冲量等于动量的变化，有

$$P^*F\Delta t=FN_x\Delta t\rho_w(u_x-0) \tag{4.11}$$

整理可得

$$N_x=P^*/(\rho_w u_x) \tag{4.12}$$

如果假定爆轰产物的膨胀过程是绝热的，爆炸所释放的能量完全转化为爆轰

产物的动能,则有

$$u_x = \sqrt{2\xi Q_w} \approx \sqrt{2Q_w} \tag{4.13}$$

式中:Q_w 为炸药的爆热;ξ 为能量损失系数,由于爆轰产物在膨胀过程中肯定会有热损失,所以 $\xi<1$。作为一级近似,并考虑平方根,可以近似认为 $\xi=1$,一般不会影响工程计算结果。

根据以上分析,气态爆轰产物以均匀速度 u_x 沿垂直于药包表面的方向飞出,喷流表面也沿其法线方向以 N_x 的速度向药包内部运动,药包的每一个自由角(棱角)必然由角平分线分开,由此可以得到气态爆轰产物的喷流图像,如图 4.3(c)(d)(e)所示。

4.1.4 空气冲击波的形成和传播

如前所述,爆炸后的高温高压爆轰产物迅速向外扩张,此时可把爆轰产物的扩张过程看作一个管子中的活塞运动。当"活塞"向外高速运动时,便对周围的空气进行压缩,并使周围空气形成压力很高的初始空气冲击波(约为 100 MPa 数量级)。而后,由于爆轰产物膨胀速度的衰减,冲击波阵面后的压力相应下降。当爆轰产物膨胀到极限体积时,空气冲击波的尾部与爆轰产物相邻界面处的压力相应地降到 P_0。以后,爆轰产物由于惯性作用继续膨胀。

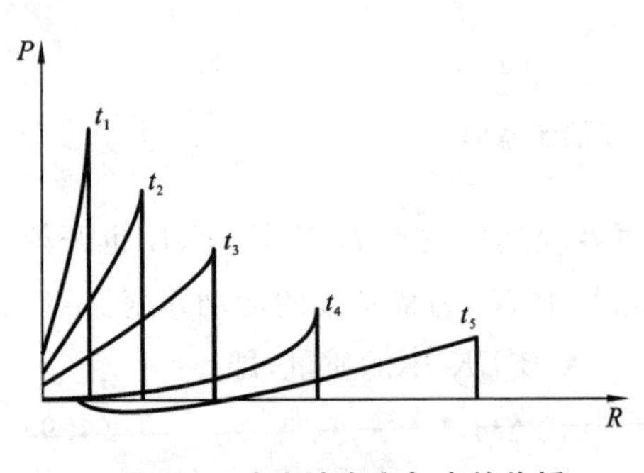

图 4.4 冲击波在空气中的传播

炸药爆炸后的空气冲击波脱离爆轰产物后,独立地向外传播的情况如图 4.4 所示。

由图 4.4 可以看出:

(1) 随着空气冲击波的向外传播,其正压区不断拉宽。这是因为冲击波阵面以超声速的速度 D 向前传播,而正压区的尾部以与压力 P_0 相对应的空气声速 c_{z0} ($c_{z0}<D$)运动。

(2) 随着空气冲击波的向外传播,波阵面的压力 P 和传播速度 D 等参数迅速下降。

其原因是:首先,冲击波是以球形(对于球形装药)向外扩张的,则随着传播距离的增大,波阵面的面积增大,因此,即使没有其他能量损耗,在波阵面单位面积上的能量分布也将迅速减少;其次,空气冲击波正压区随着波的传播不断拉宽,受压缩的空气量不断增加,使得单位质量空气的平均能量不断下降;最后,冲击波的传播不是等熵的,在波阵面上熵是增加的,在传播过程中始终存在因空气受冲击绝热压缩而产生的不可逆的能量损失,并且冲击波越强,这种不可逆的能量损耗越大。

因此,冲击波传播过程中波阵面压力是迅速衰减的,并且初始阶段衰减快,后期衰减缓慢。实验表明,其衰减是按指数规律进行的,如图 4.5 所示。

对于核爆炸,空气冲击波在无限大气中以超声速传播,它好像是一个双层球体,如图 4.6 所示(对化学爆炸也适用),外层是压缩区,其前边界称为冲击波阵面,内层是稀疏区,其压力小于未扰动的大气压力。

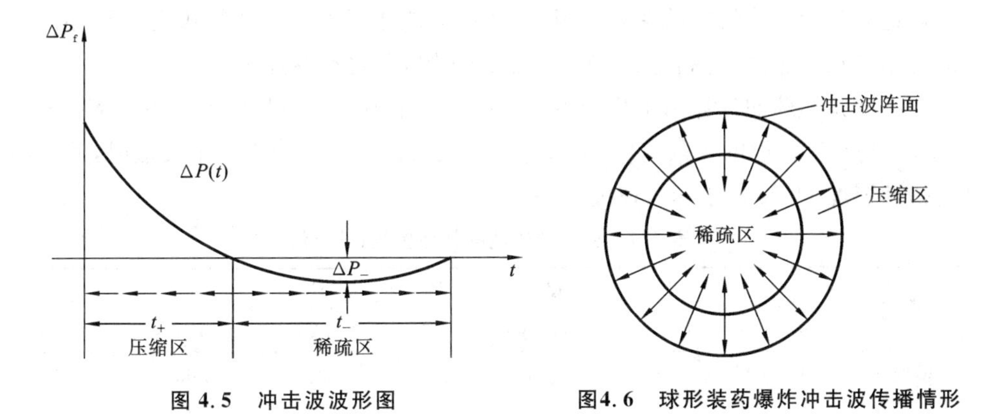

图 4.5　冲击波波形图　　　图4.6　球形装药爆炸冲击波传播情形

4.2　无限大气中的爆炸波参数

4.2.1　爆炸时空气冲击波的初始参数

炸药爆炸时,首先,其爆轰产物强烈冲击邻近装药的介质。爆轰产物冲击邻近介质时,必将产生冲击波,由于爆轰产物与介质的物理特性不同,爆轰产物中可能反射冲击波,也可能反射稀疏波。研究炸药与介质接触爆炸时形成的冲击波的最初参数,对评定炸药对邻近装药介质的作用,以及冲击波传播规律的研究,是很有益处的。

炸药与任何介质接触爆炸时所产生的冲击波,其最初参数的大小取决于装药(炸药)爆轰所产生的爆轰波参数(D,P_0,ρ_D)和介质的力学特性及其压缩性、密度,而不取决于装药质量和爆轰波(在 C-J 爆轰条件下)阵面和冲击波阵面的形状。冲击波初始参数之所以和上述因素没有关系,是因为爆轰波参数与装药质量及波阵面形状无关,而与装药密度和炸药的爆热(潜能)有关。

由于空气是一种声阻抗较小的介质,因此炸药在大气中爆炸所形成的初始冲击波阵面上的压力 P_x 小于 C-J 平面上的爆轰波压力 P_D。确定空气冲击波初始参数的原理与 4.1 节所述的 $P_x<P_D$ 的情况类似。不同之处是,空气中爆炸冲击波

阵面的初始压力 P_x 更低一些(约为 50～100 MPa 数量级),而炸药爆轰产物由 P_D(约 10^4 MPa 数量级)膨胀到这样低的 P_x 值的过程是不等熵的。也就是说,在爆轰产物由 P_D 膨胀到 P_x 的过程中,绝热指数 γ 随着压力的降低而不断减小。由此可知,若要精确地确定空气中爆炸冲击波的初始参量,应先确定爆轰产物的绝热指数随压力 P 的变化规律。然而各种炸药爆轰产物的 $\gamma(P)$ 函数关系本身也是一个在理论和实验上待研究的课题。因此,我们只能用近似的方法来确定空气冲击波的初始参数。相关的内容在前面章节已经介绍,在此不再赘述。

某些猛炸药的计算结果列于表 4.1 中。表中最后一项是爆轰产物的飞散速度 v_{xm},其是在真空中的极限速度,大大超过了爆轰速度 D。向空气中飞散时,冲击波的初始速度 D_x 接近于爆轰速度。

表 4.1　空气冲击波的初始参数(计算值)

炸药	ρ_0 /(g/cm³)	D /(m/s)	Q_v /(kJ/kg)	P_K /MPa	P_x /MPa	D_x /(m/s)	u_x /(m/s)
梯恩梯	1.60	7000	4186	270	64.2	7590	6900
黑索金	1.60	8200	5442	266	71.4	8008	7280
太安	1.69	8400	5860	348	79.1	8426	7660

由计算结果与实验数据可以看出,计算数据要比实验测定的数据小一些。

谢赫捷尔用直径为 23 mm 的装药爆炸,所得的实验数据列于表 4.2。

表 4.2　炸药附近空气冲击波速度(药柱直径 23 mm 实验值)

炸药	ρ_0 /(g/cm³)	D /(m/s)	D_x/(m/s)		
			0～30 mm	30～60 mm	60～90 mm
梯恩梯	1.30	6025	6670	5450	4620
梯恩梯	1.35	6200	6740	5670	4720
梯恩梯	1.45	4450	6820	5880	—
梯恩梯	1.60	7000	7500	6600	5400
钝感黑索金	1.40	7350	8000	—	—
钝感黑索金	1.60	8000	8600	6900	6400

若以表 4.2 中 0～30 mm 段的 D_x 值作为空气冲击波的初始速度,则对于 ρ_0 为 1.6 g/cm³ 的梯恩梯装药,其爆轰产物分界面上的空气质点初始速度为

$$v_x = \frac{2D_x}{\gamma_a + 1} = 6818 \text{ m/s} \tag{4.14}$$

式中:γ_a 取 1.2。

而

$$P_x=\frac{2\rho_0 D_x^2}{\gamma_a+1}=81\ \mathrm{MPa} \tag{4.15}$$

该值要比计算值大一些。实验还表明,爆轰产物向空气中的飞散速度和冲击波初始参数与装药的密度有关。

4.2.2　爆炸冲击波的计算

1. 空气冲击波峰值超压的计算公式

空气冲击波峰值超压 ΔP_f 是指冲击波阵面上峰值压力 P_f 减去空气中的原始压力 P_0(一般是标准大气压)的值,即

$$\Delta P_f=P_f-P_0 \tag{4.16}$$

空气冲击波的超压与装药质量和距离遵守爆炸相似律。这就是说,空气冲击波阵面上的压力完全取决于波与爆炸地点的距离和装药半径的比值 $\bar{R}$,有

$$\bar{R}=\frac{R}{\sqrt[3]{W}} \tag{4.17}$$

式中:$\bar{R}$ 为比例距离或折合距离,$\mathrm{m/kg^{1/3}}$;R 为观测点与爆源的距离,m;W 为装药质量,kg。

ΔP_f 的计算公式较多,各个研究者都提出了自己的计算公式,这些公式都是根据试验测得的一系列有关 ΔP_f 与 $\bar{R}$ 之间的数据,然后通过多项式拟合得到的,而试验一般采用球形装药。

下面介绍几种常用的炸药爆炸时空气冲击波峰值超压的计算公式以及它们的适用范围。

1）勃路德(H. L. Brode)提出的经验公式

$$\Delta P_f=0.975\left(\frac{\sqrt[3]{W}}{R}\right)+0.1445\left(\frac{\sqrt[3]{W}}{R}\right)^2+0.585\left(\frac{\sqrt[3]{W}}{R}\right)^3-0.0019 \tag{4.18}$$

其适用范围是 $0.01\ \mathrm{MPa}<\Delta P_f<1\ \mathrm{MPa}$。

当 $\Delta P_f>1\ \mathrm{MPa}$ 时,

$$\Delta P_f=0.657\left(\frac{\sqrt[3]{W}}{R}\right)^3+1 \tag{4.19}$$

式中:W 是装药质量,kg;R 是波与装药中心的距离,m。

2）我国国防工程设计规范(草案)中规定的空爆冲击波超压计算公式

$$\Delta P_f=0.084\left(\frac{\sqrt[3]{W}}{R}\right)+0.27\left(\frac{\sqrt[3]{W}}{R}\right)^2+0.7\left(\frac{\sqrt[3]{W}}{R}\right)^3 \tag{4.20}$$

其适用范围是 $H/\sqrt[3]{W}\geqslant 0.35$,$1\leqslant\bar{R}\leqslant 10\sim 15$,其中 H 是装药中心距离地面的

高度。符合该条件的爆炸可以近似地认为是在无限空间中的爆炸。如果装药在地面爆炸，则由于地面的阻挡，空气冲击波不是向整个空间传播的，而只向一半无限空间传播，被冲击波带动的空气量也减少一半。

装药在混凝土、岩石一类的刚性地面爆炸可看作两倍的装药在无限空间爆炸，于是可将 $W_e=2W$ 代入式(4.20)，得到

$$\Delta P_{fG}=0.106\left(\frac{\sqrt[3]{W}}{R}\right)+0.43\left(\frac{\sqrt[3]{W}}{R}\right)^2+1.4\left(\frac{\sqrt[3]{W}}{R}\right)^3 \tag{4.21}$$

其适用范围是 $H/\sqrt[3]{W}\geqslant 0.35, 1\leqslant\bar{R}\leqslant 10\sim 15$。

如果装药在普通土壤的地面爆炸，则地面土壤会受到高温、高压爆轰产物的作用而发生变形或破坏。试验表明，一吨梯恩梯炸药在地面爆炸时留下的爆炸坑约 38 m^2。在这种情况下，就不能按刚性地面的全反射来考虑，而应考虑地面消耗了一部分爆炸能量，即反射系数比 2 小，在此情况下，$W_e=(1.7\sim 1.8)W$，代入式(4.20)后整理得

$$\Delta P_{fG}=0.102\left(\frac{\sqrt[3]{W}}{R}\right)+0.399\left(\frac{\sqrt[3]{W}}{R}\right)^2+1.26\left(\frac{\sqrt[3]{W}}{R}\right)^3 \tag{4.22}$$

3）萨道夫斯基(M. A. Sadovskyi)公式

$$\Delta P_f=0.095\left(\frac{\sqrt[3]{W}}{R}\right)+0.39\left(\frac{\sqrt[3]{W}}{R}\right)^2+1.30\left(\frac{\sqrt[3]{W}}{R}\right)^3 \tag{4.23}$$

该公式是在无限空间，用点爆炸理论得到的。

4）阿连绍夫公式

$$\Delta P_f=0.079\left(\frac{\sqrt[3]{W}}{R}\right)+0.158\left(\frac{\sqrt[3]{W}}{R}\right)^2+0.65\left(\frac{\sqrt[3]{W}}{R}\right)^3 \tag{4.24}$$

5）J. 亨利奇公式

J. 亨利奇在大量试验的基础上提出了下面的公式：

$$\begin{cases}\Delta P_f=1.40717\left(\frac{\sqrt[3]{W}}{R}\right)+0.55397\left(\frac{\sqrt[3]{W}}{R}\right)^2-0.03572\left(\frac{\sqrt[3]{W}}{R}\right)^3 \\ \qquad +0.000625\left(\frac{\sqrt[3]{W}}{R}\right)^4, \quad 0.05\leqslant\bar{R}\leqslant 0.3 \\ \Delta P_f=0.61938\left(\frac{\sqrt[3]{W}}{R}\right)-0.0326\left(\frac{\sqrt[3]{W}}{R}\right)^2+0.21324\left(\frac{\sqrt[3]{W}}{R}\right)^3, \quad 0.3\leqslant\bar{R}\leqslant 1 \\ \Delta P_f=0.0662\left(\frac{\sqrt[3]{W}}{R}\right)+0.405\left(\frac{\sqrt[3]{W}}{R}\right)^2+0.3288\left(\frac{\sqrt[3]{W}}{R}\right)^3, \quad 1\leqslant\bar{R}\leqslant 10\end{cases} \tag{4.25}$$

式(4.25)对于梯恩梯装药，在给定的对比距离范围之内是适用的。

6）与装药中心距离较大时的超压计算公式

$$\begin{cases}\Delta P_{\mathrm{f}}=2.006\left(\dfrac{\sqrt[3]{W}}{R}\right)+0.194\left(\dfrac{\sqrt[3]{W}}{R}\right)^{2}-0.004\left(\dfrac{\sqrt[3]{W}}{R}\right)^{3}, & 0.05\leqslant\bar{R}\leqslant0.5\\ \Delta P_{\mathrm{f}}=0.067\left(\dfrac{\sqrt[3]{W}}{R}\right)+0.301\left(\dfrac{\sqrt[3]{W}}{R}\right)^{2}+0.431\left(\dfrac{\sqrt[3]{W}}{R}\right)^{3}, & 0.5\leqslant\bar{R}\leqslant70.9\end{cases}\tag{4.26}$$

2. 核爆炸的空气冲击波超压计算公式

在我国现行国防工程设计规范中，对化爆和核爆的冲击波超压的计算是采用不同的计算公式的，该规范规定在无限大气中核爆炸空气冲击波超压的计算公式为

$$\Delta P_{\mathrm{f}}=0.067\left(\frac{\sqrt[3]{Q}}{R}\right)+0.130\left(\frac{\sqrt[3]{Q}}{R}\right)^{2}+0.331\left(\frac{\sqrt[3]{Q}}{R}\right)^{3}\tag{4.27}$$

式中：R 为波与爆心的距离，m；Q 为核武器的梯恩梯全当量，kg。式(4.27)的适用范围是 0.01 MPa$\leqslant\Delta P_{\mathrm{f}}\leqslant$10 MPa。

当$\dfrac{H}{\sqrt[3]{Q}}\leqslant0.35$ 时，其地面超压 ΔP_{d} 的计算式为

$$\Delta P_{\mathrm{d}}=0.08255\left(\frac{\sqrt[3]{Q}}{r}\right)+0.2787\left(\frac{\sqrt[3]{Q}}{r}\right)^{2}+0.4721\left(\frac{\sqrt[3]{Q}}{r}\right)^{3}\tag{4.28}$$

式中：r 为波至爆心投影点的水平距离，m。式(4.28)的适用范围是 $0\leqslant\Delta P_{\mathrm{d}}\leqslant$ 10 MPa。

从上面的计算公式中可以看出，冲击波超压峰值完全取决于比例距离 $\bar{R}=R/\sqrt[3]{W}$，但使用这些公式时必须特别注意比例距离 $\bar{R}$ 的适用范围。

3. 空气冲击波正压作用时间 t_{+} 的计算

空气冲击波超压的大小是直接衡量爆炸对目标破坏作用的参数，空气冲击波正压作用时间 t_{+} 是衡量爆炸对目标的破坏程度的另一个重要参数之一。如同 ΔP 一样，它也根据爆炸相似律通过试验方法建立的经验公式来确定。

根据爆炸相似律，由于

$$\frac{t_{+}}{\sqrt[3]{W}}=f\left(\frac{R}{\sqrt[3]{W}}\right)\tag{4.29}$$

所以对于空爆

$$\frac{H}{\sqrt[3]{W}}\geqslant0.35,\quad t_{+}=1.35\times10^{-3}\times\sqrt[6]{W}\cdot\sqrt{R}\tag{4.30}$$

或

$$\frac{t_+}{\sqrt[3]{W}}=1.35\times10^{-3}\times\left(\frac{R}{\sqrt[3]{W}}\right)^{1/2} \tag{4.31}$$

同超压计算公式一样，如果装药在刚性地面爆炸，$W_e=2W$，则

$$t_+=1.575\times10^{-3}\times\sqrt[6]{W}\cdot\sqrt{R} \tag{4.32}$$

或

$$\frac{t_+}{\sqrt[3]{W}}=1.575\times10^{-3}\times\left(\frac{R}{\sqrt[3]{W}}\right)^{1/2} \tag{4.33}$$

如果装药在普通地面爆炸，$W_e=1.8W$，则

$$t_+=1.5\times10^{-3}\times\sqrt[6]{W}\cdot\sqrt{R} \tag{4.34}$$

或

$$\frac{t_+}{\sqrt[3]{W}}=1.5\times10^{-3}\times\left(\frac{R}{\sqrt[3]{W}}\right)^{1/2} \tag{4.35}$$

上面各式中正压作用时间以 s 计，装药质量 W 以 kg 计，距离 R 以 m 计。

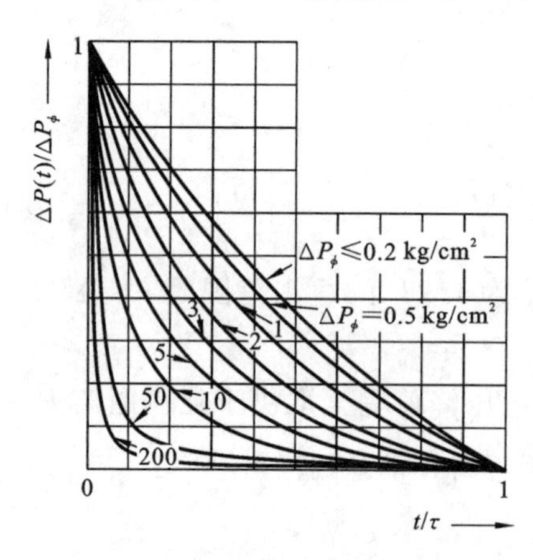

图 4.7　冲击波时程曲线

由经验可知，由于化学炸药的能量密度远小于核炸药的能量密度，因此化学爆炸的正压作用时间也相对要小得多，一般化学爆炸的正压作用时间是几毫秒到几十毫秒之间。

研究冲击波的另一个重要参数是超压随时间的变化，根据布罗德的理论，某点处超压与时间的关系仅取决于冲击波到达所考察点时，冲击波阵面上的最大超压 ΔP_ϕ，根据比罗德的计算结果绘图，得到图 4.7。

从图 4.7 中可以看出，初始超压越大（也就是说距离药包越近），超压随时间衰减得越快。

在某些范围内，超压随时间的变化曲线可用方程表示为

$$\Delta P(t)=\Delta P_\phi\left(1-\frac{t}{\tau}\right)e^{-\alpha t/\tau} \tag{4.36}$$

式中：α 为衰减系数。对于 $\Delta P_\phi\leqslant1$，$\alpha=\frac{1}{2}+\Delta P_\phi$；对于 $1<\Delta P_\phi\leqslant3$，$\alpha=\frac{1}{2}+\Delta P_\phi[1.1-(0.13+0.20\Delta P_\phi)(t/\tau)]$。

式(4.36)是 ΔP-t 的简单表达式，冲击波超压与时间的关系还可以用更精确的式子来表示：

$$\begin{cases}\Delta P(t) = \Delta P_{\phi} e^{-\frac{\alpha}{\tau}} \cos \dfrac{\pi t}{2\tau} \\ \Delta P(t) = \sum\limits_{k=1}^{n} \Delta P_{\phi k} \left(1 - \dfrac{t}{\tau}\right)^{k} \\ \Delta P(t) = \sum\limits_{k=1}^{n} \Delta P_{\phi k} \left[1 - \left(\dfrac{t}{\tau}\right)^{1/k}\right]\end{cases} \tag{4.37}$$

n 值的选择取决于要求的计算精度。要求的计算精度高，n 值取得大些；要求的计算精度低，n 值取得小些。

4. 空气冲击波的比冲量的计算

空气冲击波的比冲量 i 也是衡量冲击波对目标的破坏作用的重要参数之一，比冲量的大小直接决定了冲击波破坏作用的程度。比冲量是由空气冲击波阵面超压与时间的关系 $\Delta P(t)$ 曲线和正压作用时间直接确定的，但是计算比较复杂。因为超压随时间的关系是按指数变化的，而冲击波超压随时间的变化规律有许多经验公式。

由于空气冲击波的比冲量计算比较复杂，因此一般将某一点处的超压-时间曲线所包含的面积称为冲击波的比冲量，记为 i_m，根据比冲量的定义有

$$i_m = \int_0^{\tau} \Delta P(t) \mathrm{d}t \tag{4.38}$$

根据萨道夫斯基的理论有

$$\begin{cases} i_m = \int_0^{\tau} \Delta P(t) \mathrm{d}t = A^{**} \sqrt[3]{W^2}/R, & \bar{R} > 0.5 \\ i_m = 15W/R^2, & \bar{R} < 0.5 \end{cases} \tag{4.39}$$

式中：A^{**} 为试验常数，$A^{**} = 34 \sim 36$。

J·亨利奇通过对球形梯恩梯装药爆炸的试验研究得出的计算公式为

$$\begin{cases} \dfrac{i_m}{\sqrt[3]{W}} = 663 - \dfrac{1115}{\bar{R}} + \dfrac{629}{\bar{R}^2} - \dfrac{1000.4}{\bar{R}^3}, & 0.4 \leqslant \bar{R} \leqslant 0.75 \\ \dfrac{i_m}{\sqrt[3]{W}} = -32.3 + \dfrac{211}{\bar{R}} - \dfrac{216}{\bar{R}^2} - \dfrac{80.1}{\bar{R}^3}, & 0.75 \leqslant \bar{R} \leqslant 3 \end{cases} \tag{4.40}$$

5. 负压区参量的计算

前面我们讲过，炸药爆炸后，随着爆炸波的传播，在超压区后，还要产生一个负压区，在负压区内，$0 < P < P_0$（P_0 为 1 个大气压）。负压区内最小负压值记为 $P_{\min}$，负的超压值 $\Delta\bar{P}_{\min} = P_{\min} - P_0 < 0$。由布罗德和 J·亨利奇的试验研究得到负压的近似计算公式：

$$\Delta\bar{P}_{\min} \approx -\frac{0.35}{\bar{R}}\ (\mathrm{kg/cm^2}), \quad \bar{R} > 1.6 \tag{4.41}$$

爆炸波负压的作用时间：

$$\bar{\tau}\approx 4.25\frac{\sqrt[3]{W}}{c_{z0}}=1.25\times 10^{-2}\sqrt[3]{W} \tag{4.42}$$

式(4.42)表示爆炸波负压的作用时间与距离无关，仅随炸药量的变化而变化。负压区宽度 $\bar{\lambda}\approx 340\bar{\tau}$。

4.2.3　爆炸波阵面上热力学量之间的关系

前面我们介绍了，爆炸波为冲击波，遵循冲击波的三个守恒方程：

$$\begin{cases}\rho_0(D-u_0)=\rho_1(D-u_1)\\ P_1-P_0=\rho_0(D-u_0)(u_1-u_0)\\ (e_1-e_0)+(u_1^2-u_0^2)/2=(P_1u_1-P_0u_0)/[\rho_0(D-u_0)]\end{cases} \tag{4.43}$$

假定空气为多方气体，内能 $e=\frac{PV}{\kappa-1}=\frac{P}{\rho(\kappa-1)}$，则我们可以推导出爆炸波阵面上各参数之间的关系：

$$\begin{cases}N=\dfrac{\rho_\phi u_\phi-\rho_0u_0}{\rho_\phi-\rho_0}\\ P_\phi-P_0=\rho_0(N-u_0)(u_\phi-u_0)\\ \dfrac{P_\phi}{P_0}=\dfrac{(\kappa+1)\rho_\phi-(\kappa-1)\rho_0}{(\kappa+1)\rho_0-(\kappa-1)\rho_\phi}\end{cases} \tag{4.44}$$

式中：N 为爆炸波速；P_0、ρ_0、u_0 和 P_ϕ、ρ_ϕ、u_ϕ 分别为爆炸波阵面前和爆炸波阵面后空气的压力、密度和质点速度；κ 为空气的等熵指数。

这三个方程有四个未知数，已知其中一个，就可以求出另外三个。前面我们已经介绍过爆炸波阵面上超压 ΔP_ϕ 的计算公式，对于在静态大气中传播的爆炸波($u_0=0$)，可以求得

$$\begin{cases}N=c_{z0}\sqrt{\dfrac{\kappa+1}{2\kappa}\cdot\dfrac{P_\phi}{P_0}+\dfrac{\kappa-1}{2\kappa}}\\ \rho_\phi=\rho_0\dfrac{(\kappa+1)P_\phi/(\kappa-1)P_0+1}{(\kappa+1)/(\kappa-1)+P_\phi/P_0}\\ u_\phi=\dfrac{c_{z0}(P_\phi/P_0-1)}{k\sqrt{\dfrac{\kappa+1}{2\kappa}\cdot\dfrac{P_\phi}{P_0}+\dfrac{\kappa-1}{2\kappa}}}\end{cases} \tag{4.45}$$

式中：$P_0=0.1$ MPa(标准大气压)；$\rho_0=1.29\ \mathrm{kg/m^3}$；$c_{z0}=340$ m/s；$\kappa=1.4$。

4.3　空气冲击波对目标的作用

由爆炸产生的空气冲击波遇到目标，如建筑物、军事设施等将发生反射和绕射

现象。研究这些现象对摧毁敌方的军事目标和加强我方的防御工事，以及对危险品生产车间（仓库等）等的防护都有很大的实用价值。冲击波遇到障碍物之后的作用过程是非常复杂的，为了便于分析处理，我们只讨论一些典型而又基本的问题。

4.3.1　空气冲击波在刚性障碍物上的反射

1. 空气冲击波的正反射

当空气冲击波遇到垂直的刚性壁面（或障碍物）时，在壁面处空气质点的速度骤然变为零，使质点急剧堆积（在流体力学上此处称为驻点），压力和密度骤然升高，达到一定程度时，就要向相反方向反射，于是形成反射冲击波。图 4.8 所示的是空气冲击波遇到垂直的无限绝对刚性壁面时的反射情况，且因垂直入射壁面，故这种反射情况属于正反射的情况。假定入射波是一维定常的，那么反射波也是一维定常的，且入射波前未扰动空气的参数为 $P_0, T_0, \rho_0, u_0=0$；入射波阵面后的参数为 P_1, T_1, ρ_1, u_1，因为壁面是绝对刚性的，靠近它的空气质点在反射前的瞬时也应处于静止状态。所以空气冲击波与刚性壁面相碰发生反射的瞬间，必然产生传播速度为 D_2、传播方向与入射波方向相反的反射冲击波。反射冲击波阵面上的参数为 P_2, T_2, ρ_2，且由于刚性壁面的约束而有 $u_2=0$。

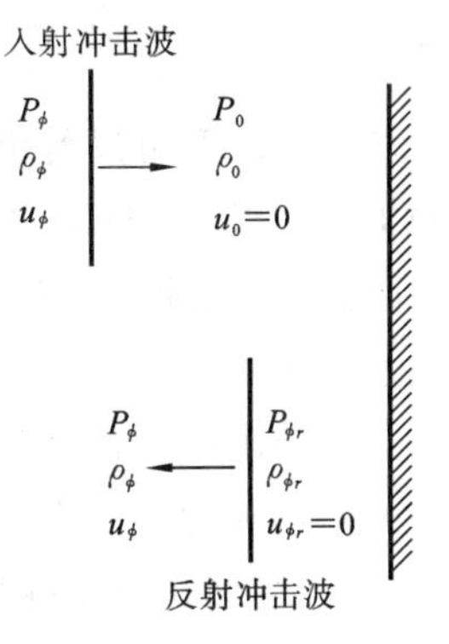

图 4.8　空气冲击波在刚性障碍物表面垂直入射时的反射情况示意图

由冲击波的基本关系式，可得到

$$\begin{cases} u_1-u_0=\sqrt{(P_1-P_0)(1/\rho_0-1/\rho_1)} \\ u_2-u_1=-\sqrt{(P_2-P_1)(1/\rho_1-1/\rho_2)} \end{cases} \tag{4.46}$$

因为反射冲击波的方向与入射冲击波的相反，如果入射波取正号，则反射波取负号，因为 $u_0=u_2=0$，所以

$$(P_1-P_0)(1/\rho_0-1/\rho_1)=(P_2-P_1)(1/\rho_1-1/\rho_2) \tag{4.47}$$

而冲击波的绝热方程为

$$\frac{\rho_1}{\rho_0}=\frac{\frac{\kappa+1}{\kappa-1}\cdot\frac{P_1}{P_0}+1}{\frac{\kappa+1}{\kappa-1}+\frac{P_1}{P_0}},\quad \frac{\rho_2}{\rho_1}=\frac{\frac{\kappa+1}{\kappa-1}\cdot\frac{P_2}{P_1}+1}{\frac{\kappa+1}{\kappa-1}+\frac{P_2}{P_1}} \tag{4.48}$$

将绝热方程代入式(4.46)，经整理后可得

$$\frac{2(P_1-P_0)^2}{\rho_1[(\kappa-1)P_1+(\kappa+1)P_0]}=\frac{2(P_2-P_1)^2}{\rho_1[(\kappa+1)P_2+(\kappa-1)P_1]}=u_1^2 \tag{4.49}$$

而入射波超压为 $\Delta P_1=P_1-P_0$，反射波超压为 $\Delta P_2=P_2-P_0$，则式(4.49)可写成

$$\frac{\Delta P_1^2}{(\kappa-1)\Delta P_1+2\kappa P_0}=\frac{(\Delta P_2-\Delta P_1)^2}{(\kappa+1)\Delta P_2+(\kappa-1)P_2+(\kappa-1)\Delta P_1+2\kappa P_0} \tag{4.50}$$

于是，反射波峰值超压为

$$\Delta P_2=2\Delta P_1+\frac{(\kappa+1)\Delta P_1^2}{(\kappa-1)\Delta P_1+2\kappa P_0} \tag{4.51}$$

对空气来说，$\kappa=1.4$，代入式(4.51)，得到反射波的超压为

$$\Delta P_2=2\Delta P_1+\frac{6\Delta P_1^2}{\Delta P_1+7P_0} \tag{4.52}$$

从式(4.52)可以看出，对强冲击波来说，由于 $P_1\gg P_0$，则 $\Delta P_2/\Delta P_1\approx 8$，而对弱冲击波来说，$P_1-P_0\ll P_0$，则 $\Delta P_2/\Delta P_1\approx 2$。

因此，空气冲击波在刚性壁面反射后，反射波的压力应是入射波的 2～8 倍，这个关系见图 4.9。

必须指出的是，在强冲击波下，反射冲击波的超压是入射冲击波的 8 倍，这个值并不是正确的。因为在强冲击波情况下存在着高温和高压，此时仍把空气当作完全气体，显然是与实际情况存在很大出入的。道林和柏克哈特以及希尔和麦卡尼等指出，如果考虑实际气体的离解和电离等效应，$\Delta P_2/\Delta P_1$ 的比值要大得多，可能达到 20 甚至更大。

2. 空气冲击波的斜反射

当空气冲击波与障碍物表面成 φ_1 角入射时，就发生冲击波的斜反射。而形成的反射波与障碍物壁面所夹的角 φ_2 并不一定等于入射角 φ_1。设 D_1 和 D_2 分别为入射波速和反射波速。反射结果使得空气质点速度在垂直于壁面方向上的分量为零，如图 4.10 所示。

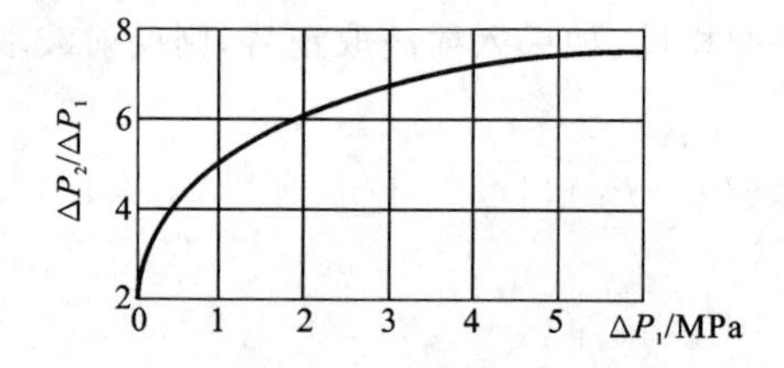

图 4.9　$\Delta P_2/\Delta P_1$ 与 ΔP_1 的关系

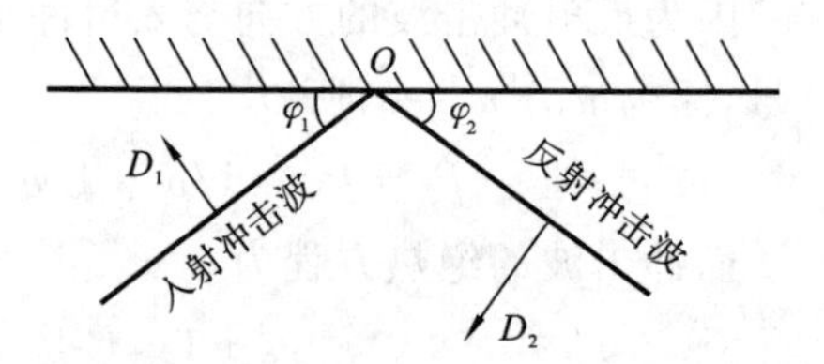

图 4.10　冲击波在刚性壁面上的斜反射

O 点在障碍物壁面以 $D_1/\sin\varphi_1$ 的速度自右向左运动。为了方便起见，采用以 $D_1/\sin\varphi_1$ 速度向左移动的动坐标系。这样，在动坐标系中，入射冲击波和反射冲

击波成为不动的波阵面，原来静止的空气则以 $q_0=D/\sin\varphi_1$ 的速度向右运动，如图 4.11 所示。

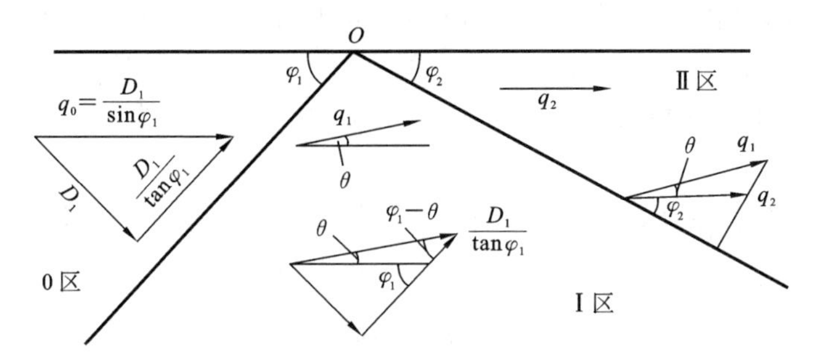

图 4.11　冲击波在刚性壁面上的斜反射(动坐标)

图中 0 区表示未经扰动的区域；Ⅰ区表示入射冲击波已通过而反射冲击波尚未到达的区域；Ⅱ区则表示反射冲击波已经过的区域。q_1 和 q_2 分别表示Ⅰ区和Ⅱ区气体的流动速度。

气体通过冲击波阵面后，它的速度和方向都要改变。由于平行于冲击波阵面的切向分量不变，而法向分量变小，因此气流方向朝壁面偏转。由图 4.11 可得：

$$q_0\cos\varphi_1=q_1\cos(\varphi_1-\theta) \tag{4.53}$$

在入射波阵面的两侧，由动量守恒和质量守恒定律可得

$$\begin{cases}\rho_0 q_0\sin\varphi_1=\rho_1 q_1\sin(\varphi_1-\theta)\\ P_0+\rho_0(q_0\sin\varphi_1)^2=\rho_1\pi[q_1\sin(\varphi_1-\theta)]^2+P_1\end{cases} \tag{4.54}$$

同样，在Ⅰ区中气流以 q_1 速度与反射波阵面 OR 成夹角 $\varphi_2+\theta$ 流入Ⅱ区。反射气流 q_2 的方向由于速度分量 $q_1\cos(\varphi_2+\theta)$ 的作用向外偏转，且平行于壁面。对于反射波的两侧，有

$$\begin{cases}q_2\cos\varphi_2=q_1\cos(\varphi_2+\theta)\\ \rho_2 q_2\sin\varphi_2=\rho_1 q_1\sin(\varphi_2+\theta)\\ \rho_2(q_2\sin\varphi_2)^2+P_2=\rho_1[q_1\sin(\varphi_2+\theta)]^2+P_1\end{cases} \tag{4.55}$$

而入射波和反射波的冲击绝热方程分别为

$$\begin{cases}\dfrac{\rho_1}{\rho_0}=\dfrac{(\kappa+1)P_1+(\kappa-1)P_0}{(\kappa-1)P_1+(\kappa+1)P_0}\\[2ex] \dfrac{\rho_2}{\rho_1}=\dfrac{(\kappa+1)P_2+(\kappa-1)P_1}{(\kappa-1)P_2+(\kappa+1)P_1}\end{cases} \tag{4.56}$$

利用上面各个方程可求得 P_2、ρ_2、φ_2、q_2 和 θ，但运算过程很复杂。

下面我们介绍一个如同正反射一样，斜反射的简化的计算公式：

$$\Delta P_2 = (1+\cos\varphi)\Delta P_1 + \frac{6\Delta P_1^2}{\Delta P_1 + 7\Delta P_0}\cos^2\varphi_1 \tag{4.57}$$

(1) 上面谈到的反射均属于规则反射冲击波，这些反射波有这样一些性质：

对于给定的入射波强度，有一个入射波的临界角 $\cos\varphi_{1c}$，对于 $\varphi_1 > \varphi_{1c}$，上述反射不会出现。对等熵指数 $\kappa=1.4$ 的空气来说，对于弱冲击波，$\varphi_{1c}=90°$；对于强冲击波，$\varphi_{1c}=\arcsin(1/\kappa)=45.58°$。

(2) 每种气体物质都存在一个角度 φ'，当 $\varphi_1 > \varphi'$ 时，斜反射的强度大于正反射的强度：

$$\varphi' = \frac{1}{2}\arccos\left(\frac{\kappa-1}{2}\right) \tag{4.58}$$

对空气来说，$\varphi'=39.23°$。然而，对于弱冲击波或中等强度的冲击波，在规则反射破坏前才会出现上述现象。

(3) 对给定的入射冲击波强度，存在某个入射角值 φ_{min}，使得当 $\varphi_1=\varphi_{min}$ 时反射波的强度 P_2/P_0 最小。

(4) 反射角 φ_2 是入射角 φ_1 的单调递增函数。

3. 空爆时空气冲击波的马赫反射

炸药在地面上方一定距离处爆炸时，存在着一个临界入射角 φ_{1c}，当入射角 $\varphi_1 > \varphi_{1c}$ 时，上面谈到的规则反射就不可能产生。厄恩斯特・马赫在 1877 年指出：入射冲击波和反射冲击波会合将形成第三个冲击波。这个冲击波被命名为马赫波，此种反射现象就称为马赫反射，下面介绍马赫反射现象。

一般，空气中爆炸总是在有限的高度上进行的，在爆炸以后，冲击波以球状在自由大气中传播，经过一段时间后，冲击波阵面的球半径逐渐加大，并超过爆炸高度 H，这时一部分冲击波阵面就要与地面相碰撞。在爆心投影点下面，冲击波阵面的传播方向与地表面垂直，如图 4.12 所示。此时的反射是正反射。离开爆心投影点处，入射波阵面传播方向在与地面成 φ_1 角的地方发生斜反射。随着与爆心投影点的距离不断增加，入射角 φ_1 也越来越大，而入射波阵面与反射波阵面之间的夹角却越来越小。当 $\varphi_1 \geqslant \varphi_{1c}$ 时，反射波阵面赶上入射波阵面并与之贴合，成为另一个单一的冲击波，称为合成波，这个波就是马赫波。

因为入射波阵面与反射波阵面的贴合是逐次沿高度方向发生的，所以合成波阵面的高度（又称马赫杆的高度）随着与爆心投影点的距离的增大而不断增加。图 4.12 中入射波、反射波和合成波（马赫波）的三个波阵面的交点称为三重点。

根据上面所述，空中爆炸时，可以把整个地面划分为两个区域：

(1) 离爆心投影点的距离小于 $H \cdot \tan\varphi_{1c}$ 的地面范围称为规则反射区，有时也称空中爆炸近区。在这个区城中的建筑物和目标都要承受两次冲击波的作用，即

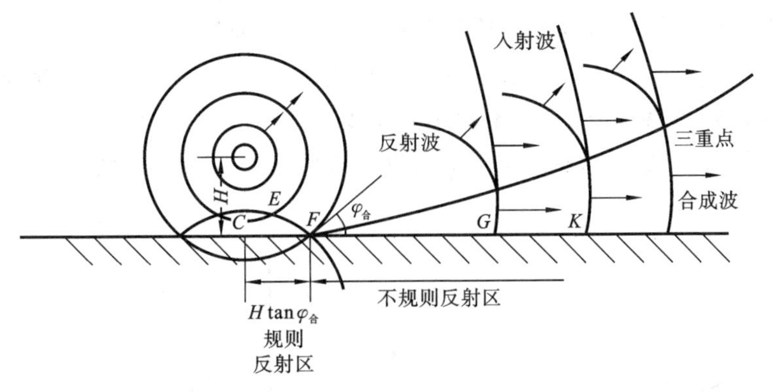

图 4.12　马赫反射

先后承受入射波和反射波的作用。

(2) 离爆心投影点的距离大于 $H \cdot \tan\varphi_{1c}$ 的地面范围称为不规则反射区，又称空中爆炸远区。在这个区域中的建筑物或目标在合成波高度(三重点)以下时，只承受合成波的作用。

根据上述冲击波反射的概念，由于空气质点的运动速度在垂直于地面方向上的分量已被滞止(为零)，所以反射波阵面(包括合成波阵面)后空气质点的运动速度必然平行于地面(正反射时其数值等于零)。但合成波阵面前的空气质点是静止的，要使合成波通过后，空气质点获得一个与地面平行的运动速度，因而从理论上可以判定合成波阵面(又称马赫杆)必然是垂直于地面的。

需要指出的是，形成马赫反射的临界角 φ_{1c} 是与入射波的强度有关的，此种关系如图 4.13 所示。

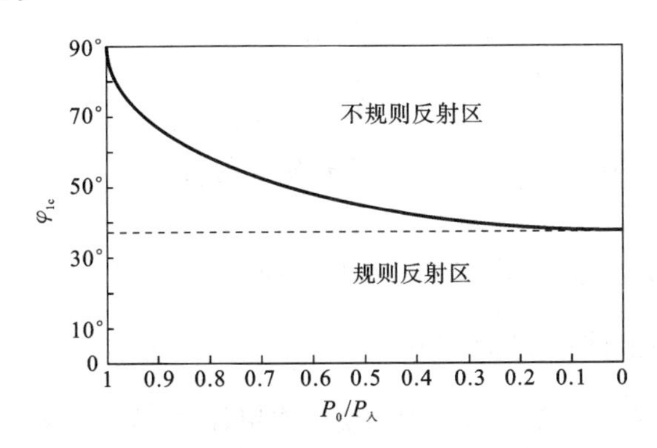

图 4.13　φ_{1c} 与 $P_0/P_{入}$ 之间的关系

从图 4.12 中可以看出，空中爆炸时地面上不同点 C、E、F、G、K 等处的反射情况：

(1) 在 C 点，由于入射波(图 4.14(a)的曲线 1)的传播方向垂直于地面，因此发生的反射是正反射，反射波曲线是图 4.14(b)中的曲线 2；

(2) 在 E、F 点，入射波阵面传播方向与地面成 φ_1 角，且 $\varphi_1<\varphi_{1c}$，因此发生的反射是斜反射，其曲线是图 4.14(c)中的曲线 3；

(3) 在 G、K 点，因入射角 $\varphi_1>\varphi_{1c}$，发生马赫反射，反射波曲线是图 4.14(d)中的曲线 4。

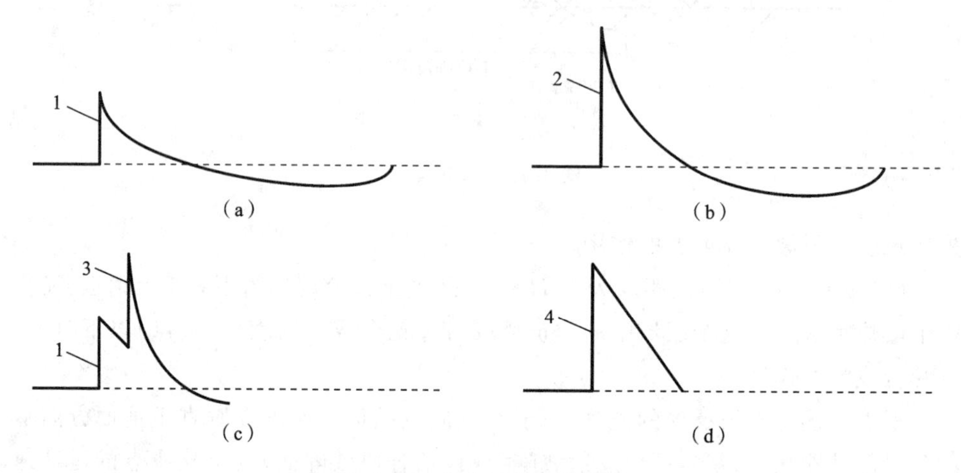

图 4.14　几个波的波形曲线

现将三种反射情况总结如下。

(1) $\varphi_1=0$，发生正反射(规则反射)：

$$\Delta P_2=2\Delta P_1+\frac{6\Delta P_1^2}{\Delta P_1+7\Delta P_0} \tag{4.59}$$

(2) $0<\varphi_1<\varphi_{1c}$，发生斜反射(规则反射)：

$$\Delta P_2=(1+\cos\varphi_1)\Delta P_1+\frac{6\Delta P_1^2}{\Delta P_1+7\Delta P_0}\cos^2\varphi_1 \tag{4.60}$$

(3) $\varphi_1<\varphi_{1c}<90°$，发生马赫反射(不规则反射)：

$$\Delta P_m=(1+\cos\varphi_1)\Delta P_{fG} \tag{4.61}$$

式中：ΔP_m 为马赫反射的超压；ΔP_{fG} 为相应的地爆超压。

4.3.2　空气冲击波的绕流作用

我们知道，所有的波都具有衍射和绕射作用，冲击波也不例外。冲击波对物体不同性质的绕射，取决于爆炸类型、距爆炸点的距离、药包的大小和物体的形状等。这些问题到目前为止还没有完善的理论解，我们只能通过爆炸洞的实验结果来进行分析研究。

在距离爆炸源较近的区域中有一物体平放在地面上，爆炸源在其正上方，如图

4.15所示，爆炸源在物体正上方时，对物体的作用距离较近，爆炸波到达物体时产生正反射。当爆炸波到达时，首先物体顶面受到反射波的作用，当爆炸波到达地面时，地面也产生反射波。假定冲击波长足够大，即压缩空气层足够厚，冲击波长远大于物体的尺寸，当地面上产生的反射波运动到物体上表面时，整个物体都浸没在压缩空气层中，并受到全方位的反射超压作用。

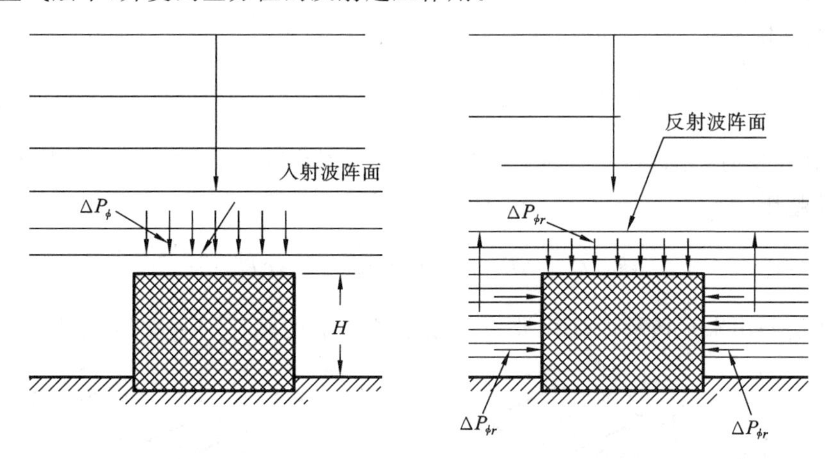

图4.15　爆炸源在物体正上方时对物体的作用

当爆炸源在物体的侧面时，爆炸波对物体的作用性质不同。如图4.16所示，首先，朝向爆炸源的物体一面最先受到反射超压的作用，超压的值可由公式确定，然后，爆炸波超压逐渐作用到物体的侧表面和顶部，最后作用到物体的后表面。

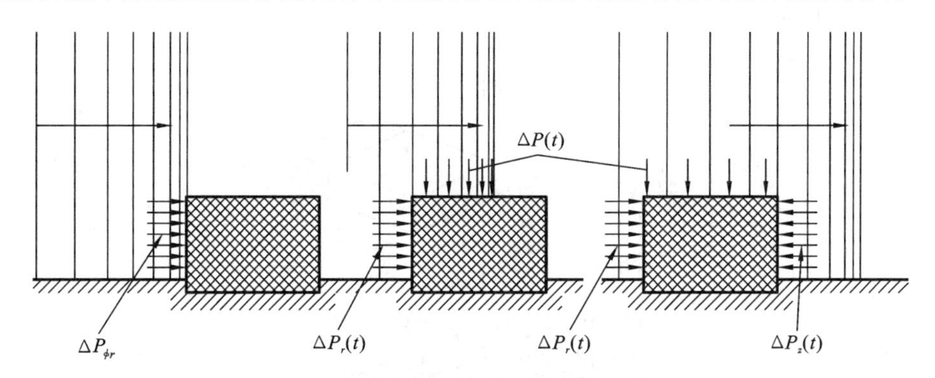

图4.16　爆炸波从侧面对物体的作用

爆炸波撞击到物体的前表面以后，将绕过前表面，并在前表面上产生环流作用，使得作用在它上面的超压迅速减小，在 $\Delta t_1 = \dfrac{3x}{c_{z\phi r}}$ 以后，前表面上的冲击反射效应消失。这里，x 为尺寸 $B/2$ 和 H 中的较小者，$c_{z\phi r}$ 为反射冲击波后的声速。在这

个时间以后，作用在物体前表面上的超压等于入射冲击波超压与乘以阻力系数 k_p 的速度碰撞超压之和，即

$$\Delta P_r(t)=\Delta P_\phi(t)+k_p\Delta P_n(t),\quad \Delta t_1>\frac{3x}{c_{z\phi r}} \tag{4.62}$$

式中：k_p 取值为 0.8～1。

当冲击波到达后表面时，在后表面边缘附近便出现涡旋。于是在后表面上就产生负压，之后后表面上的超压随时间延长而增大，大约在时间 $\Delta t_2=\frac{5x}{c_{z\phi}}$ 时达到最大值，在这个时刻之后，后表面上的超压等于入射超压减去乘以一个系数 k_z 的速度碰撞超压，即

$$\Delta P_z(t)=\Delta P_\phi(t)-k_z\Delta P_n(t),\quad \Delta t_2>\frac{5x}{c_{z\phi}} \tag{4.63}$$

我们画出水平传播的爆炸波作用在棱柱体上的超压时程曲线，如图 4.17 所

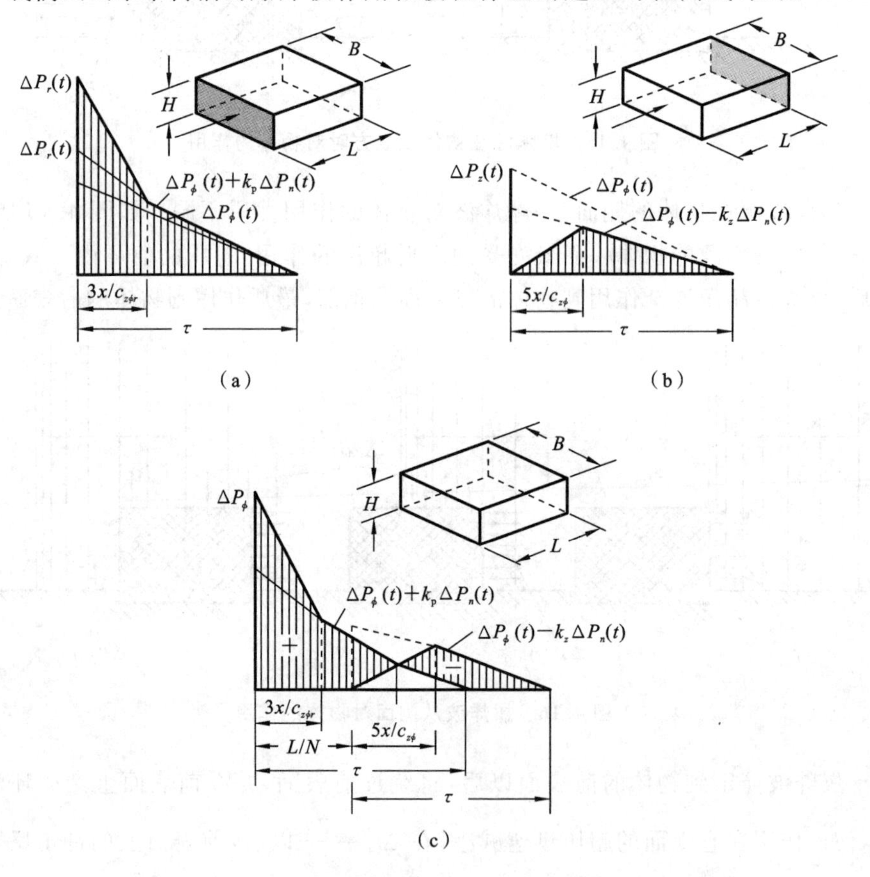

图 4.17　作用在棱柱体上的水平传播冲击波的超压时程曲线

示。在物体前表面上，阴影线的长度代表超压的数值，τ 是整个爆炸波在前表面的作用时间。爆炸波作用在物体顶面和侧面的超压就等于爆炸波本身的超压 $\Delta P_{\phi}(t)$。在物体后表面上，我们也可以画出整个冲击波作用时间范围内，物体上超压的时程曲线。

在讨论冲击波的反射时，我们假定障碍物是无限尺寸的。但是，实际上冲击波在传播时遇到的目标(建筑物等)往往是有限尺寸的。这时，除了有一部分冲击波反射外，还会发生冲击波的环流作用(或称绕流作用)。

空气冲击波与障碍物相互作用现象的过程如图 4.18 所示。图 4.18(a)表示冲击波接近障碍物的情况；图 4.18(b)表示冲击波与障碍物相碰后不久的情况。当冲击波与障碍物的前壁相碰时，会发生反射，前壁上的超压陡然增大到反射超压(可按式(4.62)计算)，但是在前壁边缘以外的冲击波并未遇到阻碍，因而波中的超压也没有增大，于是形成超压差，并引起空气的流动和波的产生。在前壁高压区中的空气向前壁边缘外的低压区流动的同时，高压区的空气由边缘向内部逐渐得到稀释，这种稀疏状态的传播称为稀疏波。这种状态就是冲击波后气流环绕着障碍物流动时的状态，就是环流作用。图 4.18(c)表示入射冲击波通过目标物的侧面，并流经后壁的情况；图 4.18(d)表示冲击波环流经过地面障碍物时的情况。

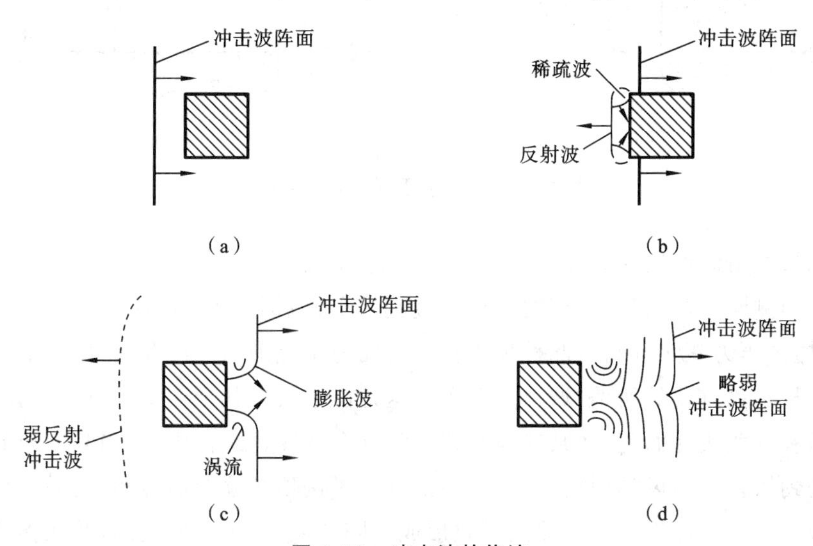

图 4.18　冲击波的绕流

类似地，图 4.19 表示了冲击波遇到墙体时的反射和环流过程。

图 4.19(a)表示冲击波遇到墙面时的初始情况，在稀疏波的作用下，壁前面的气流向上运动，但在运动过程中，由于受到墙顶部入射冲击波后面运动空气的影响而改变了运动方向，形成顺时针方向运动的旋风，后来变成环流向前传播。

图 4.19(b)表示环流进一步发展,绕过墙顶部沿着墙后壁向下运动。这时墙后壁受到的压力逐渐增加,而墙的正面则由稀疏波的作用,压力逐渐下降,但降低后的墙正面压力仍比墙后面压力大。图 4.19(c)表示环流继续沿着墙后壁向下运动,在某一时刻到达地面,并从地面发生反射,使压力升高,这和空中爆炸时冲击波从地面反射的情况相似。图 4.19(d)表示环流沿着地面运动,大约在离墙后壁 $2H$ 的地方形成马赫反射,这时冲击波的压力增大。

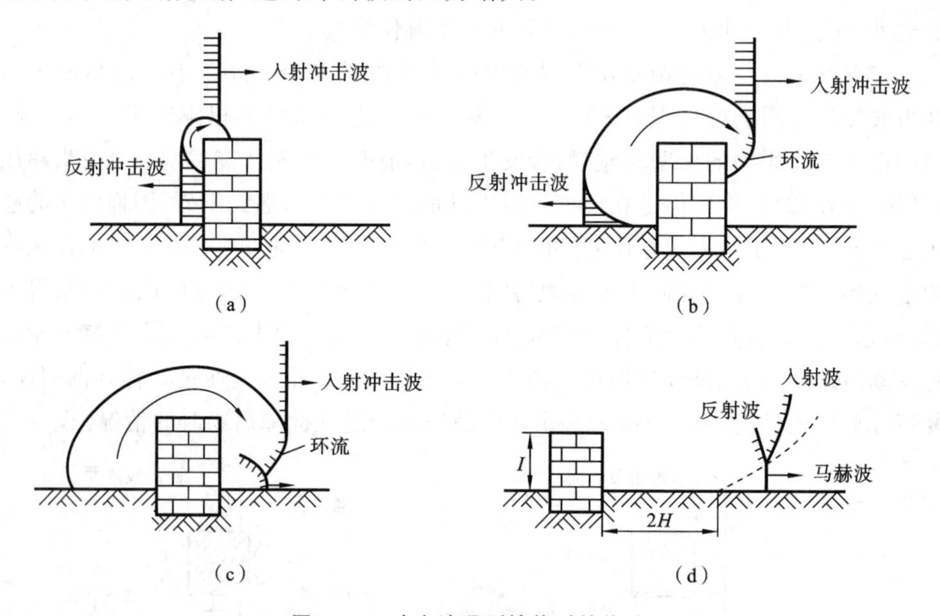

图 4.19 冲击波遇到墙体时的绕流

如果冲击波作用在高而不宽的障碍物上,则发生图 4.20 所示的情况,其特点是墙的两侧同时产生环流,当两个环流绕到墙后继续运动时就发生相互碰撞的现象,碰撞区压力骤然升高。此种现象在空气动力学范围内广泛存在,例如最近几年刚引起科学家重视的所谓"城市人造风",这是由于最近几十年来,城市中高层建筑如雨后春笋般拔地而起,而某些高层建筑竖立在低矮建筑群中,首当其冲地截住了高空的劲风。这些风如前所述一样,一部分越过楼顶继续向前传播,而另一部分沿着高楼墙面向下传播。上述原因导致形成一阵狂风,扫过大楼底部,并在拐角处旋转,形成了类似龙卷风的旋风。如果建筑物的外形设计不当,则会使旋风迅速增强到无法估量的程度,这就是所谓的"城市人造风"。它的危害可以从下面一个事例中看出。据报道,1982 年在纽约市一个狂风大作的日子里,美国金融分析家罗斯刚步出曼哈顿一幢玻璃钢大厦,突然一阵旋风将她卷起,并结结实实地将她摔在一根水泥柱上,致使她的肩胛骨被摔断。为了弥补损失,罗斯向纽约地方法院控告了这幢大厦的设计师、建筑师和房屋主，她的理由是上述被告是造成她的肩胛骨被摔断的罪魁祸首。而法院居然受理了这桩离奇的诉讼案。这几年来一门预测和预防“城市人造风”的新兴学科“风工程学”也应运而生，当然它的研究范围要广泛得多。

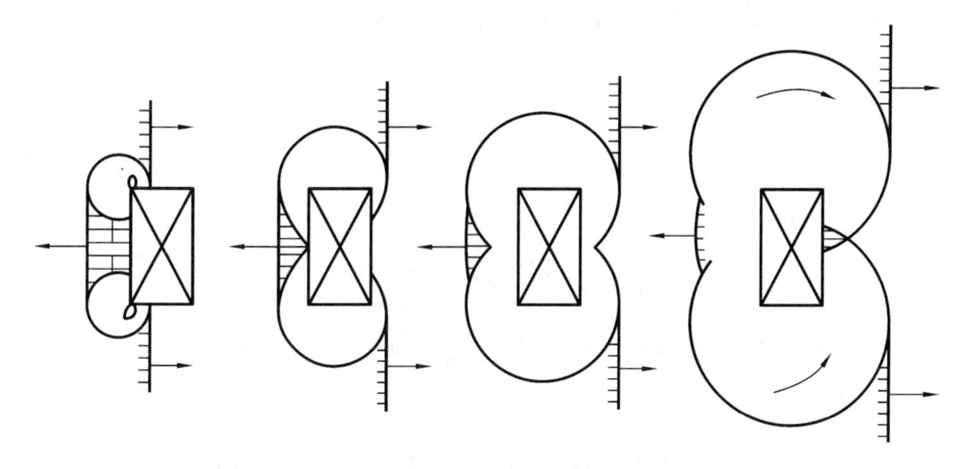

图 4.20　冲击波对高而不宽障碍物的绕流

4.3.3　冲击波对目标物的破坏作用

装药在空气中爆炸时产生的冲击波，对周围的目标(如建筑物、各种装备和人员等)会产生不同程度的破坏和损伤。但是各种目标在爆炸冲击波作用下的破坏和损伤是一个极复杂的问题。它不仅与冲击波的作用情况有关，而且与目标物的形状、本身的强度、弹性等因素有关。冲击波对建筑物产生的载荷及破坏作用的大小，取决于下面的因素：

(1) 冲击波阵面上超压 ΔP 的大小；

(2) 冲击波的作用时间及作用压力随时间变化的性质；

(3) 建筑物所处的位置，即建筑物与冲击波阵面的相对关系，如冲击波阵面平行于还是垂直于建筑物；

(4) 建筑物的形状和大小；

(5) 建筑物的自振周期等。

当然，上面列出的仅是一些主要因素，另外尚有其他一些复杂的因素。

在研究冲击波的破坏作用之前，我们先介绍一下爆炸总的破坏机理，即爆轰产物的直接破坏作用，而爆炸的破坏作用由爆轰产物的总功决定。由于炸药性质、装药质量和爆炸时介质特性的不同，爆炸的表现形式也不一样，作用距离的远近也不同。

炸药的作功能力以及与此相关的爆炸破坏效应，在其他条件相同的情况下，随炸药势能和气态爆轰产物比容的增加而增高。

当炸药性质和装药质量给定时，爆炸的有效作用距离在相当程度上也取决于装药的几何形状和起爆方法。

根据爆轰产物膨胀的等熵定律可以从理论上确定爆轰产物所作的功：

$$dA=-dE=-C_v dT \tag{4.64}$$

由于

$$C_v=\frac{nR}{\kappa-1} \tag{4.65}$$

因此

$$A=\frac{nRT_D}{\kappa-1}\left(1-\frac{T_1}{T_D}\right) \tag{4.66}$$

如果把 A 化作 1 kg 炸药所作的功，并考虑到 $dTPv^{\kappa}=\text{const}$，$Tv^{\kappa-1}=\text{const}$ 和 $T^{\kappa}P^{1-\kappa}=\text{const}$，可得出

$$A=\frac{F}{\kappa-1}\left(1-\frac{T_1}{T_D}\right)=\frac{F}{\kappa-1}\left[1-\left(\frac{v_D}{v_1}\right)^{\kappa-1}\right]=\frac{F}{\kappa-1}\left[1-\left(\frac{P_1}{P_D}\right)^{\frac{\kappa-1}{\kappa}}\right] \tag{4.67}$$

式中：T_D、v_D、P_D 分别为爆炸瞬间气态产物的温度、比容和压力；而 T_1、v_1、P_1 分别为膨胀过程中的温度、比容和压力；$F=nRT_D$。

当爆轰产物在大气中无限膨胀时，$P_1=P_0$，$T_1=T_0$，$v_1=v_0$，则

$$A=A_{max}=IQ_w \tag{4.68}$$

式中：I 为热功当量；$A_{max}=IQ_w$，为炸药的势能，通常把它当作衡量炸药作功能力的尺度。

式(4.68)是在假定爆轰产物完全由气体组成的条件下得出的。如果爆轰产物中不仅有气体，而且存在固体和液体的颗粒物质，则 $A_{max}<IQ_w$，在此情况下，如果从理论上来计算 A_{max} 的大小，还应当考虑气态爆轰产物和凝聚态爆轰产物在其飞散过程中的热交换，它们的冷却速度相差很大，进行这种计算是非常困难的。

装药在大气中爆炸时，冲击波与爆轰波阵面的分离，在某些情况下可能发生在凝聚产物和气态产物热交换之前，其后果是使爆炸能量不能全部传递给冲击波。当炸药在空气中爆炸时，由于反应物的迅速飞散，化学反应来不及全部在爆轰产物有效作用的区域内完成，这就使得炸药的能量得不到充分的利用。如果加大装药直径，就会提高反应的完成程度，并且在装药直径 r_0 和颗粒直径 r 给定的情况下，可以使化学反应能量的 70％传递到爆炸波中。

根据哈里顿的理论，在其他条件相同时，能量损失随装药极限直径的增大而增加。根据 M. A. 萨道夫斯基的实验数据，对于质量为 25 kg 的 40/60 阿梅托装药，能量损失达 36％，而当装药为 500 kg 时，则能量损失为 13％。

为了在实验室条件下实际估计炸药的作功能力，通常采用所谓铅质弹体的膨胀试验。试验方法如下：称 10 g 炸药放入由精铅制成的密实弹体的柱形槽内，如图 4.21(a)所示，用雷管使其爆炸。爆炸后，弹体的柱形槽发生膨胀，如图 4.21(b)所示，其容积扩大量反映了炸药作功的大小。弹体的直径和高度均为 20 cm，柱形槽的直径为 2.5 cm，深度为 12.5 cm，容积为 62 cm^3。弹体的质量为 70 kg。

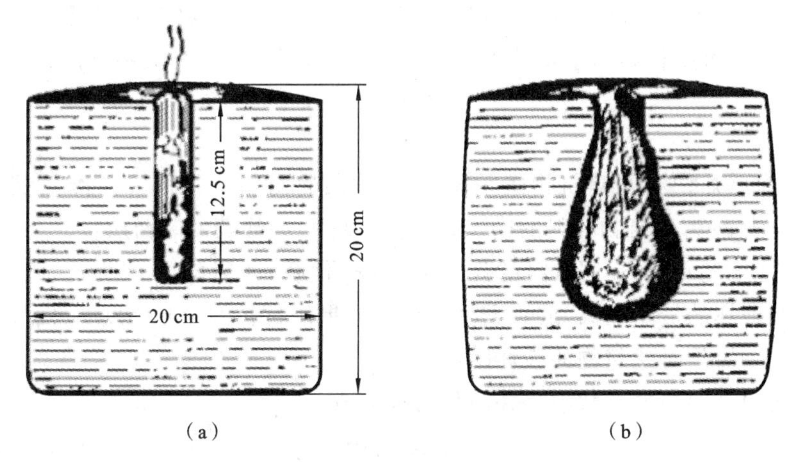

图 4.21　铅质弹体试验示意图

几种猛炸药的实验结果列于表 4.3。

表 4.3　铅质弹体膨胀试验

炸药名称	柱形槽膨胀量/mm	炸药名称	柱形槽膨胀量/mm
梯恩梯	285	太安	500
苦味酸	330	阿梅托 80/20	360
特屈儿	340	代那买特 83%	520
黑索金	480		

试验结果表明，炸药的作功能力以及爆炸的破坏效应，实际上不取决于装药的密度，这与理论结果一致。

由于现代猛炸药的爆轰压力高达$(2\sim2.5)\times10^4$ MPa，因此爆炸之后通常伴随着爆轰产物对周围介质的冲击并形成冲击波。下面主要介绍爆炸之后，冲击波对目标(建筑物、军事和民用设施以及人员)的破坏和损伤作用。

空气冲击波对建筑物的破坏作用与建筑物的自振周期 T 以及空气冲击波的正压作用时间 t_+ 密切相关。实验表明，当 $t_+/T\leqslant0.25$ 时，空气冲击波对建筑物的破坏作用主要是空气冲击波的冲量起主导作用，建筑物的破坏与否主要取决于空气冲击波冲量的大小。而当 $t_+/T \geqslant 10$ 时，空气冲击波对建筑物的破坏作用主要取决于空气冲击波超压的大小。而当 $0.25 \leqslant t_+/T \leqslant T$ 时，则无论按冲量计算还是按超压计算，其结果的误差都很大。

对于化学爆炸，因为正压作用时间 t_+ 很小，通常按空气冲击波的冲量计算。在工程上要考虑的是，在某一特定的爆炸下（如装药质量已确定的爆炸），建筑物距离爆炸点多远才不被破坏，反之，在什么距离之内，建筑物必定被破坏。为求解这一问题，我们可用材料力学及结构动力学的知识，用能量守恒关系导出：

$$R=\sqrt{\frac{BW}{\sigma h}} \cdot \sqrt[4]{\frac{3E}{\rho}} \tag{4.69}$$

式中：R 为爆炸中心至建筑物的距离；E 为建筑物材料的弹性模量；σ 为建筑物材料中的应力；ρ 为建筑物材料的密度；B 为系数；W 为炸药的装药质量。

将式(4.69)中的 σ 用材料的许用应力 $[\sigma]$ 代替，所得的 R 即为这种爆炸下建筑物不被破坏的最小距离，或称安全距离。如果用材料的极限强度 σ_B 代替 σ，即可得到在这一爆炸时建筑物的破坏距离。

将式(4.69)中的常数项合并简化后可写成

$$R=k\sqrt{W} \tag{4.70}$$

式中：k 是与目标物性质有关的系数，可查表 4.4。

表 4.4　部分目标的 k 值

目　　标	k	破坏程度
飞机	1	结构完全破坏
火车头	4～6	结构被破坏
舰艇	0.44	舰面建筑物被破坏
非装甲船舶	0.375	船舰结构被破坏，适用于 $W<400$ kg
装配玻璃	7～9	破碎
木板墙	0.7	破坏，适用于 $W>250$ kg
砖墙	0.4	形成缺口，适用于 $W>250$ kg
不坚固的木石建筑	2.0	破坏
混凝土墙和楼板	0.25	严重破坏

对于建筑物抗空气冲击波的能力，我国有关方面做了大量的试验，并结合国外的经验得出如下基本结果：

(1) 当 $\Delta P<0.002$ MPa 时，建筑物基本无损坏，玻璃窗户偶尔开裂或震落。

(2) 当 $0.002\ \text{MPa}<\Delta P<0.012$ MPa 时，建筑物极轻度破坏，玻璃部分或大部分破坏。

(3) 当 0.012 MPa<ΔP<0.03 MPa 时，建筑物轻度破坏，玻璃全部破坏，门窗部分破坏，墙出现小裂缝(0.5 mm 以内)和稍有倾斜，瓦屋面局部被掀起。

(4) 当 0.03 MPa<ΔP<0.05 MPa 时，建筑物中等程度破坏，砖墙有较大裂缝(0.55 mm)和倾斜(10～100 mm)，钢筋混凝土屋面出现裂缝，瓦屋面被掀起，大部分破坏。

(5) 当 0.05 MPa<ΔP<0.076 MPa 时，建筑物严重破坏，门窗被摧毁，砖墙严重开裂(50 mm 以上)，倾斜很大，甚至部分倒塌，钢筋混凝土屋面严重开裂，瓦屋面塌下。

(6) 当 ΔP>0.076 MPa 时，砖墙倒塌，钢筋混凝土屋面塌下。

思　考　题

1. 详细叙述炸药在空气中爆炸时，爆炸波的传播和爆轰产物的膨胀过程。
2. 空气冲击波峰值超压的计算公式有哪些？
3. 空气冲击波在刚性障碍物上的反射有哪几种类型，各有什么特点？
4. 试推导刚性壁面正反射时冲击波的峰值超压。
5. 冲击波对建筑物产生的载荷及破坏作用的大小取决于哪些因素？

参考文献

[1]　李翼祺，马素贞. 爆炸力学[M]. 北京：科学出版社，1992.

[2]　罗兴柏，张玉令，丁玉奎. 爆炸力学理论教程[M]. 北京：国防工业出版社出版，2016.

[3]　吴艳青，刘彦，黄风雷，等. 爆炸力学理论及应用[M]. 北京：北京理工大学出版社，2021.

第 5 章　水中爆炸理论及应用

水中爆炸时，爆炸波的传播规律与空气中爆炸时很相似，如果我们假设空气的密度很大，高达 1.0 g/cm^3，空气中的爆炸就与水中爆炸一样了。但水毕竟与空气的性质有本质上的区别。

装药在无限水介质中爆炸时，在装药本身体积内形成高温高压的爆轰产物，其压力远远超过静水压力。因此在水介质中爆炸时，产生冲击波和气泡脉动两种现象。空气和水，以其物理性质来说，有相同之处，也有不同之处。所以炸药在空气中和在水中爆炸时的物理现象，既有相同处，也有不同的地方，主要区别有以下三个方面：首先，相等装药爆炸时的水中冲击波的压力比空气冲击波的压力要大得多；其次，水中冲击波的作用时间比空气冲击波的作用时间要短得多；最后，空气冲击波阵面传播速度比声速要大，而水中冲击波阵面传播速度近似等于声速。这几个差别主要是由水的基本特性引起的。与空气相比，在一般压力下，水几乎是不可压缩的。实验表明，在 70～100 kg/cm^2 的压力下，水的体积变化仅是 1/320，当压力为 1000 kg/cm^2 时，水的密度变化为 $\Delta\rho/\rho\approx0.05$。但是在高压作用下，水又成为可压缩的。所以在高压的爆轰产物作用下，会形成水中冲击波。水的密度比空气大得多，而且装药在不同深度爆炸时，静水压力是不同的，所以爆轰产物在水中的膨胀要比在空气中慢得多。另外，水中声速较大，在 18 ℃的海水中，声速大约是 1494 m/s。但是随着水中含气量的变化，水中声速的变化也很大。实验表明，随着水中含气量的增加，水中声速的下降很快。当水中含气量为 0.1%～1%时，水中声速下降到 900 m/s，而当含气量达 6%时，水中声速可下降到 500 m/s 左右，即接近于空气中的声速。其次，水的密度为空气的 800 倍，黏滞系数约为空气的 100 倍，状态方程也比空气复杂得多。

水中爆炸的基础研究工作起始于 20 世纪 40 年代。早期的研究主要出于军事目的，尤其是第二次世界大战期间，世界各国的研究者以球形装药在水中爆炸产生的冲击波为主要研究对象，进行了大量的实验和实战应用，系统研究了水中爆炸冲击波和气泡脉动的形成、传播、衰减规律以及对水中目标的破坏作用，建立了一套相应的计算公式。第二次世界大战后，各国经济复苏，水下爆炸在民用建设中的应用逐渐增加，如新建港口、桥梁，水工建筑物的岩石基础爆破；水道疏浚、航道清理、修建围堰和大坝、压实非黏性土等以及水作传压介质的爆炸成形、水下爆炸切割、水下排淤等水下爆炸技术得到了大量的应用。大量的实践和科学实验，推动了水下爆破理论的发展，取得了一系列的研究成果。

5.1　水中爆炸波的形成和传播

水中爆炸波的形成和传播与空气中爆炸波的形成和传播非常相似，仅仅在数量上有一些差别。装药在无限、均匀和静止的水中爆炸时，由于爆轰产物高速向外膨胀，首先在水中形成冲击波。此后，在爆轰产物和水的界面处产生反射稀疏波，以相反的方向向爆轰产物的中心运动。水中初始冲击波压力比空气中的大得多，例如空气中初始冲击波压力为 80～130 MPa，而水中初始冲击波压力则超过 10^4 MPa。随着水中冲击波的传播，其波阵面压力和速度下降很快，且波形不断拉宽，例如球形装药爆炸产生的冲击波在离爆炸中心(1～1.5)r_0 时，其压力下降极快，在约 10 r_0(r_0 为装药半径)处压力下降为初始压力的 1/100。图 5.1 表示了一个质量为 173 kg 的梯恩梯装药在水中爆炸时，测得的冲击波在不同距离处的压力下降的情况。由图可知，在离爆炸中心较近处，压力下降非常快，而离爆炸中心较远处，压力下降较为缓慢。此外水中冲击波的正压作用时间随着距离加大而逐渐延长，但比同距离装药量的空气冲击波的正压作用时间却要小许多，前者约为后者的 1/100。水中冲击波阵面速度与其尾部传播速度相差较小，例如水中冲击波压力为 P=500 MPa 时，冲击波速度为 2040 m/s(空气冲击波的压力为 5 MPa，即约为水中冲击波压力的 1/100 时，冲击波速度即可达 2230 m/s)，当压力下降到 25 MPa 时，水中冲击波阵面传播速度实际上已接近声速(1450～1500 m/s)，此时波头与波尾几乎以同一速度运动。

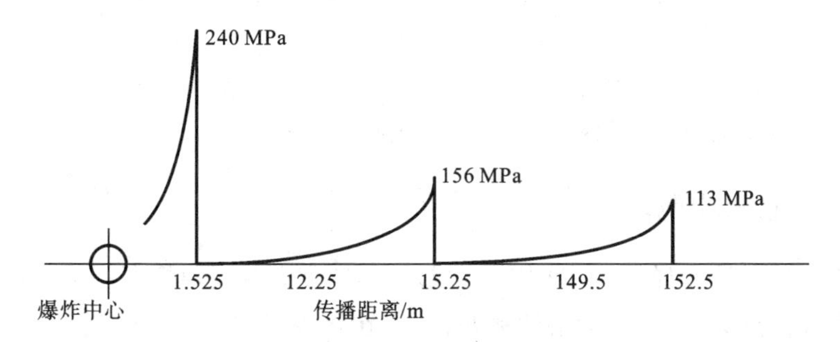

图 5.1　水中冲击波的传播

上面讨论的水中冲击波指装药在无限水介质中爆炸时形成的冲击波，但是实际的水介质都存在自由表面(水和大气的界面)和水底。因此水中爆炸时，水中冲击波很快能达到自由表面(或水底)，要进行反射。下面分别介绍冲击波在到达自由表面和水底时，经过反射后的现象。

(1) 在有自由表面时,水中冲击波首先到达水面。这时在水面上可以看到一个迅速扩大的暗灰色的水圈,它的移动速度很大,约几十毫秒后就会消失,冲击波在自由表面发生反射,根据在水面处入射波与反射波相互作用之后压力接近于零的条件,反射波应为稀疏波(实际上从应力波在不同介质中的传播理论也可知道,因为水的声阻抗远大于空气的声阻抗)。在稀疏波的作用下,表面处水质点进一步向上飞溅,形成一个特有的飞溅水冢。在此之后,爆轰产物形成的水泡(下面将专门介绍)到达水面,这时又出现与爆轰产物混在一起的飞溅水柱。气泡在开始收缩前到达水表面;由于气泡上浮速度小,气泡几乎只径向飞散,因此水柱按径向喷射出现于水面。气泡在最大压缩的瞬间到达水面时,气泡上升速度很快,这时气泡上方所有的水都垂直向上喷射,从而形成一个高而窄的喷泉式水柱,其高度和上升速度取决于装药的深度。由于稀疏波从自由表面的反射,可以增强水中爆炸的破坏作用,因此可以利用这一性能,来提高炸药的利用率。

但是当装药在足够深的水中爆炸时,气泡到达自由表面前就被分散(爆轰产物的能量已耗尽)了,这时水面上就没有喷泉出现。在很深的水中爆炸时,在自由表面看不到上述的水中爆炸现象。对普通炸药来说,此种深度 h 为

$$h \geqslant 9.0\sqrt[3]{W} \tag{5.1}$$

式中:h 为装药中心的爆炸深度,m;W 为装药质量,kg。

(2) 在有水底存在时,水中爆炸如同装药在地面爆炸一样,将使水中冲击波的压力增大,对于绝对刚性的水底,爆炸作用相当于两倍装药量的爆炸作用。实际上水底不可能是绝对刚性的,它总要吸收一部分能量。实验表明,对于砂质黏土的水底,冲击波压力增大约 10%,冲量增大约 23%。

总之,装药在水中爆炸时,能产生水中冲击波、气泡和压力波。这三者对目标(舰艇、水下建筑物等)都会造成一定程度的破坏作用。

5.1.1 气泡脉动现象

和空气冲击波一样,水中冲击波形成之后,它就开始脱离爆轰产物。但不同的是水中爆炸的爆轰产物,在冲击波离开以后,在水中以气泡的形式继续膨胀,推动周围的水介质径向地向外流动。气泡内的压力随着膨胀而不断下降,当降到周围介质的静水压力时并不停止,由于水流的惯性作用,气泡“过度”膨胀,一直到最大直径。这时,气泡内的压力低于周围介质的平衡压力(它是大气压力和静水压力之和),周围的水开始反向运动,即向中心聚合,同时压缩气泡,使气泡不断收缩,其压力逐渐增加。同样由于聚合水流惯性运动的结果,气泡被“过度”压缩,使其内部压力又高于周围的平衡压力,直到气体压力能阻止气泡的压缩而达到新的平衡。于

是气泡膨胀与压缩的第一次循环结束。但是此时气泡内的压力比周围介质静水压力大，就产生第二次膨胀和压缩的过程，通常把这种过程称为气泡的胀缩脉动或气泡的脉动。图 5.2 是由作者所在单位用高速摄影机拍摄的梯恩梯在水中爆炸全过程中的照片，从中可以清楚地看到气泡的形成过程。

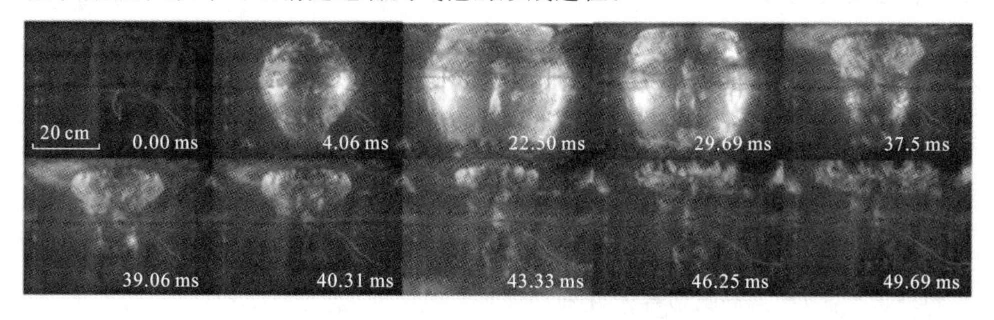

图 5.2　2 g 炸药在水面下 15 cm 处爆炸时气泡脉动过程

由于水的密度大、惯性大，这种气泡脉动次数要比空气中爆炸的多，有时可达十次以上。根据科乌尔的数据，当质量为 250 g 的特屈儿装药在水中 91.5 m 的深度爆炸时，用高速摄影机拍摄到的气泡的半径随时间的变化关系如图 5.3 所示。由图中可以看到，开始时气泡膨胀速度很大，经过 14 ms 后，膨胀速度下降为零，然后气泡很快被压缩，到 28 ms 后，达到最大限度的压缩。之后开始第二次膨胀和压缩过程。图中虚线表示气泡的平衡半径，即气泡内压力与周围介质静水压力相同时的半径。不难看出，在第一次脉动的 80%时间内气泡内的压力低于周围介质的静水压力。

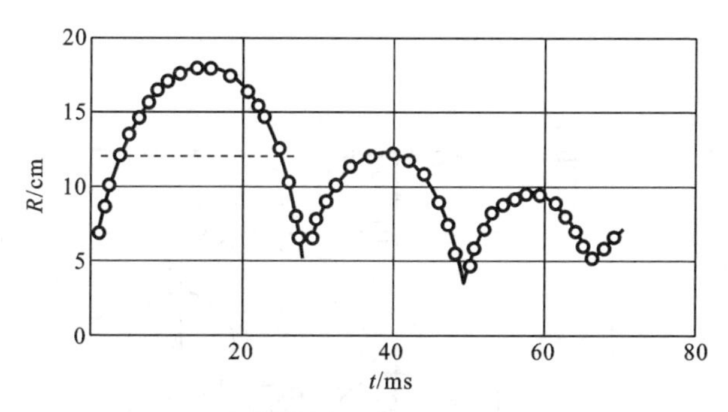

图 5.3　气泡半径随时间的变化关系曲线

在脉动过程中，由于爆炸气体的浮力作用，气泡逐渐上升。气泡膨胀时上升缓慢，几乎原地不动，而气泡被压缩时上升较快。爆轰产物所形成的气泡一般均接近于球形。如果装药本身非球状，长与宽之比在 1～6 范围之内，则离装药 $25r_0$ 的距离处气泡就接近球形了。

从自由表面反射回来的稀疏波与气泡相互作用,可使气泡变形,所以实际的气泡并不完全是球形的。

水中有障碍物存在时,它对气泡的运动影响很大。气泡膨胀时,近障碍物处水的径向运动受到阻碍,气泡有离开障碍物的现象。但是当气泡不大时,气泡内腔处于正压的周期不长,因此,这种效应不大。当气泡受压缩时,近障碍物处水的流动受阻,而其他方向的水径向聚合流动速度很大,使气泡朝着障碍物方向运动,即气泡好像移向障碍物。再一次脉动时,就可能对障碍物产生作用而引起破坏。

水中爆炸所形成的气泡脉动现象,是由爆轰产物形成的气泡在水中多次膨胀和收缩所形成的脉动。每次脉动消耗一部分能量,其能量分配情况如表 5.1 所示。从表中数据可以看到最初有 59%的总能量消耗于水中冲击波的形成,剩下的能量分配给爆轰产物,从而形成气泡脉动。

表 5.1 水中爆炸的能量分配

类　别	爆炸能量的消耗/(%)	留给下次脉动的能量/(%)
用于冲击波的形成	59	41
用于第一次气泡脉动	27	14
用于第二次气泡脉动	6.4	7.6

典型的自由场水下爆炸气泡脉动的过程如图 5.4 所示。

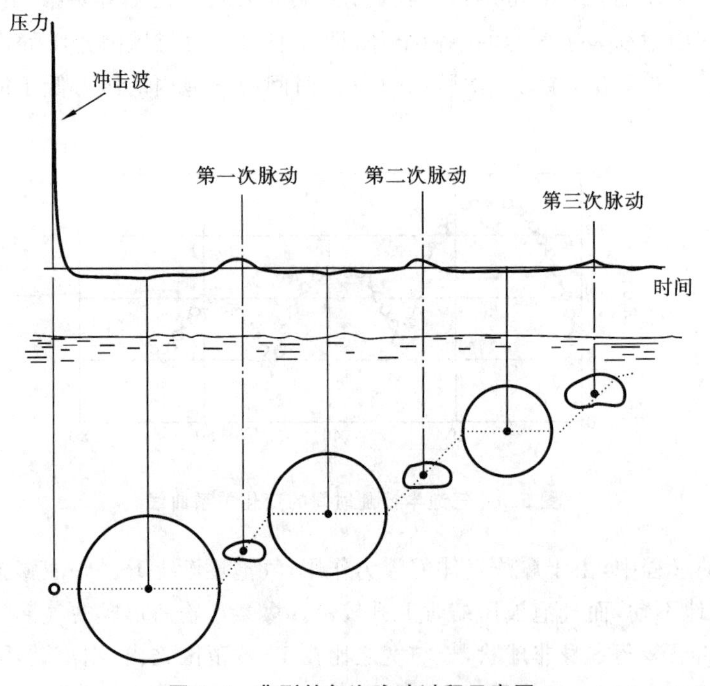

图 5.4 典型的气泡脉动过程示意图

5.1.2　二次压力(缩)波

气泡脉动时,水中将形成稀疏波-压力(缩)波的交替现象。稀疏波的产生对应于每次气泡半径最大的情况,而压力波则与每次气泡半径最小的情况相对应。通常气泡第一次脉动时所形成的压力波(又称二次压力波)才有实际意义。137 kg梯恩梯装药,在水中15 m深处爆炸时,在离爆炸中心18 m的地方测得水中冲击波的压力与时间的关系如图5.5所示。首先出现水中冲击波,随后出现二次压力波。实验表明,二次压力波的最大压力不超过冲击波压力的10%~20%。但是,它的作用时间远远超过冲击波的作用时间,因此它的作用冲量可与冲击波相比拟,故不能忽视它的破坏作用。后面几次气泡脉动的影响可以不予考虑。下面介绍由气泡脉动所形成的二次压力波的计算。

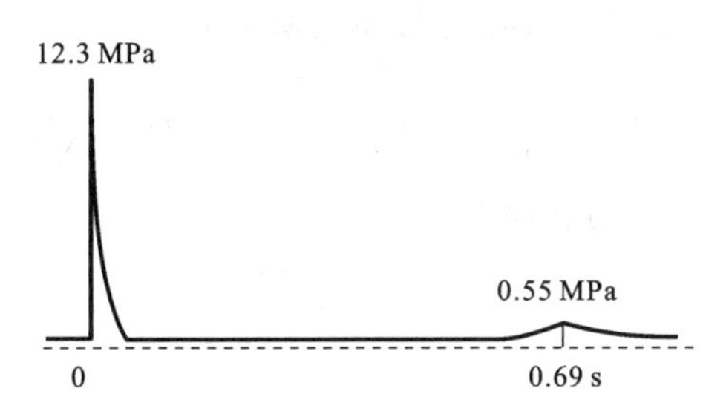

图5.5　水下爆炸时测得的典型压力波形

(1) 对于梯恩梯一类的炸药,二次压力波的峰值压力 P_m 的计算式为

$$P_m - P_0 = 7.24\sqrt[3]{W}/R \quad (\text{MPa}) \tag{5.2}$$

式中:P_0 为静水压力,MPa;W 为装药质量,kg;R 为离爆炸中心的距离,m。

(2) 二次压力波的比冲量 i_m 的计算式为

$$i_m = 6.04 \times 10^{-3} \times (\eta_n Q_w)^{2/3} \cdot W^{2/3} / (Z_n^{1/6} R) \tag{5.3}$$

式中:η_n 为第 $n-1$ 次脉动后留在爆轰产物中的能量分配;Z_n 为第 n 次脉动开始时气泡中心所在位置的静水压力,以水柱高度(m)表示;Q_w 为炸药的爆热,J/kg。

如果气泡脉动时留在爆轰产物中的能量为 $\eta_n Q_w = 440$ J/kg,则装药在水深12 m处爆炸时,式(5.3)可简化为

$$i_m = 0.022\sqrt[3]{W^2}/R \tag{5.4}$$

根据表5.1,$\eta_n = 41\%$,装药为梯恩梯炸药,爆热为1070 J/kg。按式(5.4)计算的 i_m 要比冲击波的比冲量大,但是绝不能由此得出二次压力波的破坏作用比冲击波大的结论(得按具体情况分析)。因为在计算二次压力波比冲量时把微小的超压都考虑在内了,实际上,这种小的超压对目标的破坏作用没有多大的

影响。

(3) 气泡最大半径 r_m 的经验公式如下。

由于气泡达到最大时的体积为

$$\frac{4}{3}\pi r_m^3 = W \cdot V_m = \frac{WQ_w}{P_0} \tag{5.5}$$

因此

$$r_m = \sqrt[3]{\frac{3WQ_w}{4\pi P_0}} \tag{5.6}$$

化简得

$$r_m = \kappa \sqrt[3]{W - P_0} \tag{5.7}$$

式中:κ 为与炸药性能有关的系数,对于梯恩梯炸药,可取 $\kappa=1.63$。

(4)气泡达到最大半径所需时间 t_m 的计算公式为

$$t_m = \int_0^{r_m} \sqrt{\frac{3\rho r_0^3}{8P_0 r_m r_0 (r_m - r_0)}} \mathrm{d}r = r_m \sqrt{\frac{2\rho}{3P_0}} \tag{5.8}$$

同样,对于梯恩梯炸药,则可化简得

$$t_m = 0.154 \frac{W^{1/3}}{P_0^{5/6}} \tag{5.9}$$

5.2 水中冲击波

5.2.1 水中冲击波的基本方程

对于水中爆炸,爆炸波的形成类似于大气中的爆炸。所以,与空气冲击波一样,可以利用质量守恒、动量守恒和能量守恒定律导出水中冲击波的基本方程为

$$\begin{cases} u_1 - u_0 = \sqrt{(P_1 - P_0)(1/\rho_0 - 1/\rho_1)} \\ D - u_0 = 1/\rho_0 \cdot \sqrt{(P_1 - P_0)/(1/\rho_0 - 1/\rho_1)} \\ E_1 - E_0 = \dfrac{1}{2}(P_1 + P_0)(1/\rho_0 - 1/\rho_1) \end{cases} \tag{5.10}$$

式中:P_0、ρ_0、E_0、u_0 分别为未经扰动时水介质的压力、密度、内能和质点速度;P_1、ρ_1、E_1、u_1 分别为冲击波阵面通过后瞬间的压力、密度、内能和质点速度;D 为水中冲击波阵面的速度。3 个方程中有 P_1、ρ_1、E_1、u_1 和 D 共 5 个未知量,需要求出水的状态方程才能计算。

对于水的比容(状态方程),Taif 由实验得到

$$v(T,P)=v(T,0)\left[1-\frac{1}{n}\ln\left(1+\frac{P}{B}\right)\right] \tag{5.11}$$

式中：B 是温度的函数。

而 Bridgman 根据实验得出了在高压下水的状态方程为

$$P=(10.9-9.37v)(T-348)+501V^{-5.85}-431 \tag{5.12}$$

式中：P 为压力，MPa；v 为比容，cm^3/g；T 为绝对温度，K。

式(5.12)引进了一个温度量，计算很不方便。利用前面章节的方法，对水的状态方程进行热力学的变换，得到水的泊松绝热方程为

$$(P+\alpha)/P^*=(\rho/\rho^*)^{\chi(s)} \tag{5.13}$$

式中：α、ρ^*、P^* 均为常数，其中 $\alpha=540$ MPa，$\rho^*=2.53\ g/cm^3$，$P^*=9120$ MPa；函数 $\chi(s)$ 表示与系统的熵有关的系数，其与压力的关系如图 5.6 所示。

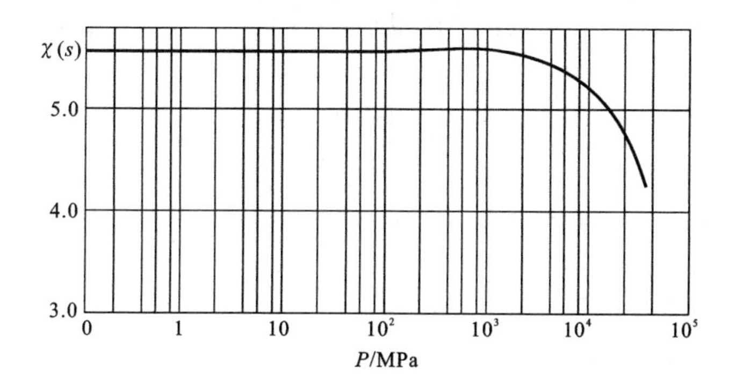

图 5.6 系数 $\chi(s)$ 与压力的关系

由图 5.6 可知，$P=0.1$ MPa 时，$\chi=5.55$，$P=3\times10^3$ MPa 时，$\chi=5.45$。在这样大的压力范围内系数 χ 的变化约为 2%，因此可以近似认为冲击波是等熵的。在这个压力范围内的水中冲击波称为弱冲击波。当压力增加到 2.5×10^4 MPa 时，$\chi=4.6$，这时熵的变化较大，当压力再增大时，冲击波就不是等熵的。

水中冲击波可分为强、中等和弱三种，因此对水中冲击波也应分为三个区域进行计算。

1）强冲击波（$P_1\geqslant2.5\times10^3$ MPa）

根据水的动力绝热条件，冲击波压力和密度关系如下：

当 $P_1\geqslant3\times10^3$ MPa 时，

$$P_1-P_0=d_2(\rho_1^{\chi}-\rho_0^{\chi}) \tag{5.14}$$

式中：$d_2=425$；$\chi=6.29$。

所以，

$$P_1-P_0=425(\rho_1^{6.29}-\rho_0^{6.29}) \tag{5.15}$$

代入式(5.10)，当 $u_0=0$ 时得到

$$\begin{cases} D^2=\dfrac{1}{\rho_0^2}\cdot\dfrac{P_1-P_0}{1/\rho_0-1/\rho_1}=\dfrac{425(\rho_1^{6.29}-\rho_0^{6.29})}{\rho_0(1-\rho_0/\rho_1)} \\ u_1^2=\dfrac{425(\rho_1^{6.29}-\rho_0^{6.29})}{\rho_0}(1-\rho_0/\rho_1) \end{cases} \tag{5.16}$$

当 $P_1<3\times10^3$ MPa 时，

$$\frac{P_1+B}{\rho_1^{\bar{\chi}}}=\frac{P_0+B}{\rho_0^{\bar{\chi}}} \tag{5.17}$$

式中：$B=304.5$ MPa；$\bar{\chi}=7.15$。

2）中等强度冲击波（0.1×10^3 MPa$\leqslant P<2.5\times10^3$ MPa）

这时冲击波通过介质后熵值变化很小，冲击波的传播过程接近等熵过程。因此水的动力绝热方程仍为

$$\frac{P_1+B}{\rho_1^{\bar{\chi}}}=\frac{P_0+B}{\rho_0^{\bar{\chi}}} \tag{5.18}$$

式中：取 $P_0=0.1$ MPa，$\rho_0=1000$ kg/m³，$\bar{\chi}=7.15$，$B=304.5$ MPa，水的声速为

$$c^2=\left(\frac{\mathrm{d}P}{\mathrm{d}\rho}\right)_s=\frac{\bar{\chi}(P+B)}{\rho} \tag{5.19}$$

因为 $P_0\leqslant B$，所以式(5.18)可改写为

$$P=B\left[\left(\frac{\rho}{\rho_0}\right)^{\bar{\chi}}-1\right] \tag{5.20}$$

其他参数可按强冲击波的方法计算。

3）弱冲击波（$P<0.1\times10^3$ MPa）

弱冲击波的传播是等熵的，式(5.20)同样也可以使用，但水的声速为

$$c^2=\left(\frac{\mathrm{d}P}{\mathrm{d}\rho}\right)_s=\frac{B\bar{\chi}}{\rho_0}\left(\frac{\rho}{\rho_0}\right)^{\bar{\chi}-1} \tag{5.21}$$

对于未经扰动的介质，将 $P_0=0.1$ MPa、$\rho=\rho_0$ 代入式(5.21)，有 $c_0^2=\dfrac{B\bar{\chi}}{\rho_0}$，于是

$$\frac{c}{c_0}=\left(\frac{\rho_1}{\rho_0}\right)^{(\bar{\chi}-1)/2} \tag{5.22}$$

代入式(5.20)，得

$$\frac{c_1}{c_0}=\left(1+\frac{P_1}{B}\right)^{(\bar{\chi}-1)/2\bar{\chi}} \tag{5.23}$$

由于 $P_1/B<1$，近似计算时，取收敛级数的第一项，故

$$\frac{c_1}{c_0}=1+\frac{\bar{\chi}-1}{2\bar{\chi}}\cdot\frac{P_1}{B} \tag{5.24}$$

根据式(5.10)，忽略 P_0，且令 $u_0=0$，则有

$$u_1^2=\frac{P_1}{\rho_0}\left(1-\frac{\rho_0}{\rho_1}\right) \tag{5.25}$$

将式(5.20)代入，得

$$u_1^2=\frac{P_1}{\rho_0}\left[1-\left(1+\frac{P_1}{B}\right)^{-1/\bar{\chi}}\right] \tag{5.26}$$

同样，近似地取级数第一项，得到

$$u_1^2=\frac{P_1}{\rho_0}\left[1-\left(1-\frac{1}{\bar{\chi}}\cdot\frac{P_1}{B}\right)\right]=\frac{P_1}{\rho_0}\cdot\frac{P_1}{\bar{\chi}B}=\frac{c_0^2}{B^2\,\bar{\chi}^{\,2}}P_1^2 \tag{5.27}$$

或

$$u_1=\frac{c_0P_1}{\bar{\chi}B} \tag{5.28}$$

由式(5.10)，忽略 P_0，且 $u_0=0$，则有

$$D^2=\frac{P_1}{\rho_0(1-\rho_0/\rho_1)} \tag{5.29}$$

将式(5.20)代入得

$$D^2=\frac{P_1}{\rho_0[1-(1+P_1/B)^{-1/\bar{\chi}}]} \tag{5.30}$$

进行类似的变换，展开后取二项，得

$$D^2=\frac{\bar{\chi}B}{\rho_0}\cdot\frac{1}{1-\dfrac{\bar{\chi}+1}{2\bar{\chi}}\cdot\dfrac{P_1}{B}}=c_0^2\left(1+\frac{\bar{\chi}+1}{2\bar{\chi}}\cdot\frac{P_1}{B}\right) \tag{5.31}$$

故

$$D=c_0\sqrt{1+\frac{\bar{\chi}+1}{2\bar{\chi}}\cdot\frac{P_1}{B}} \tag{5.32}$$

从式(5.24)、式(5.28)、式(5.32)可看到，弱冲击波阵面参数 c_1、u_1 与 D 压力 P_1 成线性关系。由此可知，对于水中冲击波阵面参数，应根据压力选择相应的计算式。

5.2.2　水中冲击波的初始参数

装药在水中爆炸时，爆轰产物冲击水介质，与在其他介质中的一样，在水中形成初始冲击波，并向爆轰产物中反射稀疏波，如图5.6所示。水中冲击波的初始参

数取决于炸药的性质和水的特性。由于水的可压缩性很小，冲击波的初始压力很大，一般超过10万个大气压。在这种情况下，没有必要考虑爆轰产物等熵指数的变化，又因为向水中散射时与向空气中飞散时不同，爆轰产物的压力与密度不会急剧下降，所以可以假设爆轰产物按 $PV^{\gamma}=\text{const}$ 的规律膨胀。对于一维流动，界面处爆轰产物质点速度为

$$u_x=\frac{D}{\gamma+1}\left\{1+\frac{2\gamma}{\gamma-1}\left[1-\left(\frac{P_x}{P_1}\right)^{(\gamma-1)/2\gamma}\right]\right\} \tag{5.33}$$

式中：γ 为爆轰产物的多方指数(内能与温度成正比的理想气体为多方气体，而多方气体的比热比为多方指数)。

对于水中冲击波阵面上的质点速度，当 $u_0=0$ 时，式(5.10)可改写为

$$u_m=\sqrt{(P_m-P_0)(1/\rho_0-1/\rho_m)} \tag{5.34}$$

式中：P_x、u_x 为爆轰产物和水的界面处爆轰产物的压力和质点速度，根据界面连续条件可知 $P_x=P_m$，$u_x=u_m$；D 为炸药的速度；P_1 为爆轰波阵面上的压力；ρ_m、P_m 为水中初始冲击波的密度和压力；ρ_0、P_0 为未经扰动水介质的密度和压力。

由动力学的实验测定，当压力 $0<P<0.45$ MPa 时，水的冲击绝热方程为

$$D_m=1.483+25.306\lg\left(1+\frac{u_m}{5.190}\right) \tag{5.35}$$

式中：D_m、v_m 分别为水中冲击波阵面速度和质点运动速度，单位为 mm/μs。

已知水中冲击波的动量方程为

$$P=\rho_0 Du \tag{5.36}$$

代入式(5.35)得

$$P_m=\rho_0\left[1.483+25.306\lg\left(1+\frac{u_m}{5.190}\right)\right]u_m \tag{5.37}$$

将式(5.33)和式(5.37)联立求解可算出水中冲击波的初始参数 P_x 和 u_x。

用图表形式也可解得 P_x 和 u_x，鲍姆根据实验确定式(5.20)中的两个常数分别为 $B=394$ MPa，$\bar{\chi}=n=8$，于是式(5.20)可写为

$$P_x=394[(\rho_x/\rho_1)^8-1] \tag{5.38}$$

由此计算出的某些炸药的水中冲击波的初始参数如表5.2所示。

表5.2 水中冲击波的初始参数

炸药	$\rho_0/(\text{g/cm}^3)$	$D/(\text{m/s})$	$u_x/(\text{m/s})$	ρ_x/ρ_0	P_x/MPa	D/D_m
梯恩梯	1.60	6100	2185	1.560	13600	0.872
太安	1.69	7020	2725	1.635	19500	0.835

从表中数据看出，水中冲击波的初始压力和速度小于相应装药的爆轰压力和爆轰速度。

必须指出，如果装药爆轰认为是瞬时发生的，那么可以利用下列方程组来计算冲击波的参数：

$$u_x=\frac{2\bar{c}}{\gamma-1}\left[1-\left(\frac{P_x}{\bar{P}}\right)^{(\gamma-1)/2\gamma}\right] \tag{5.39}$$

或

$$u_x=\sqrt{\frac{P_x}{\rho_{c0}}\left[1-(1+P_x/B)^{-1/n}\right]} \tag{5.40}$$

式中：$\bar{c}$ 和 $\bar{P}$ 是瞬时爆轰的爆轰产物中的初始声速和初始压力；$n=\bar{\chi}=7.15$。

由此而得出的计算结果列于表 5.3。

表 5.3　装药瞬时爆轰水中冲击波的初始数据

炸药	$\rho_0/(\mathrm{g/cm^3})$	$D/(\mathrm{m/s})$	$u_x/(\mathrm{m/s})$	ρ_{cx}/ρ_{c0}	$P_x/(\mathrm{MPa})$
梯恩梯	1.60	4000	1050	1.37	4300
太安	1.69	4500	1350	1.43	6200

从表 5.3 中的数据看出，从实际爆轰转换为瞬时爆轰时，水中冲击波的初始参数大大降低。所求得的水中冲击波初始参数计算数据的精确度，取决于压力与密度关系式（即式(5.20)）的精确度。确立此关系的依据是实验数据，随着实验数据精确度的提高，压缩性规律的精确度就可能提高。

5.3　水中冲击波的传播

5.3.1　水中冲击波的运动方程

研究装药在无限水介质中爆炸时所形成的水中冲击波的传播规律，就是研究在爆轰产物（气泡）表面与冲击波阵面之间水的非定常流动问题。

对于在无限水介质中，球形装药爆炸后所形成的水中冲击波的传播问题，就必然要对非定常流动的微分方程组进行积分求解。如果不考虑重力的影响，那么，按照质量守恒定律得到的可压缩理想流体流动的连续方程为

$$\frac{\partial\rho}{\partial t}+\rho\frac{\partial u}{\partial R}+\frac{2\rho u}{R}=0 \tag{5.41}$$

按动量守恒定律得到的流体流动的运动方程为

$$\rho\frac{\mathrm{d}u}{\mathrm{d}t}+\frac{\partial P}{\partial R}=0 \tag{5.42}$$

式中:R 为介质质点到爆炸中心的距离;t 为时间;P、ρ、u 分别为离爆炸中心 R 处介质的压力、密度和质点流动速度。

按照能量守恒定律,对于理想的无热传导的流体,有

$$\frac{\mathrm{d}s}{\mathrm{d}t}=\frac{\partial s}{\partial t}+u\frac{\partial s}{\partial R}=0 \tag{5.43}$$

内能 E 方程可写成

$$\frac{\partial E}{\partial t}+u\frac{\partial E}{\partial R}-\frac{P}{\rho^2}\left(\frac{\partial \rho}{\partial t}+u\frac{\partial \rho}{\partial R}\right)=0 \tag{5.44}$$

另外,需要建立介质的状态方程,与式(5.43)、式(5.44)相对应,可分别写为

$$S=S(P,\rho) \quad 或 \quad E=E(P,\rho) \tag{5.45}$$

上述方程组中有压力 P、密度 ρ、质点流动速度 u 以及熵 S 或内能 E 共 4 个未知数,若初始条件和边界条件已知便可求解,但是边界条件很难确定,而且求解的过程也十分复杂。

5.3.2 水中冲击波参数的计算

上面谈到,在水中爆炸时,水中冲击波参数的计算是相当复杂的,但是水中爆炸也和空气中爆炸一样,都存在着爆炸相似律,而影响水中爆炸的物理量主要有:炸药的爆热 Q_w,量纲为 ML^2/T^2;装药密度 ρ_0,量纲为 M/L^3;装药半径 r_0,量纲为 L;未经扰动时水的压力 P_0,量纲为 $M/(LT^2)$;未经扰动时水的密度 ρ_{w0},量纲为 M/L^3;未经扰动时水的声速 c_{w0},量纲为 L/T;水的状态指数 n,无量纲;距离 R,量纲为 L ;时间 t,量纲为 T。

根据 π 定理及相似律,同时令 $Lr_0=M/L^3$,$\rho_{w0}=Lc_{w0}/T=1$,则水中冲击波压力可写为

$$\frac{P}{\rho_{w0}c_{w0}^2}=f\left(\frac{Q_w}{c_{w0}^2},\frac{\rho_0}{\rho_{w0}},\frac{P_0}{\rho_{w0}c_{w0}^2};n,\frac{R}{r_0},\frac{tc_{w0}}{r_0}\right) \tag{5.46}$$

如果炸药的性质 Q_w 和密度 ρ_0 不变,以及水的初始状态不变,则式(5.46)变为

$$\frac{P}{\rho_{w0}c_{w0}^2}=f\left(\frac{R}{r_0},\frac{tc_{w0}}{r_0}\right) \tag{5.47}$$

式(5.47)是由爆炸相似律得到的,其物理意义是:当炸药装药半径 r_0 增大 λ 倍时,若在距离 λR 处,时间相应也延长 λ 倍,则压力变化规律相同。

对于不同距离 R,在 $t=0$ 时,由式(5.47)根据实际测定可得冲击波的峰值压力的经验公式

$$P_m=A\left(\frac{R}{r_0}\right)^{\alpha} \tag{5.48}$$

式中:A、α 为实验确定的系数,一些球形和柱形装药的 A 和 α 列于表 5.4,使用其

他炸药时可根据能量相似律换算，即

$$A_i = A_T \left(\frac{Q_{wi}}{Q_{wT}}\right)^{\frac{\alpha}{N+1}} \tag{5.49}$$

式中：对于球面波 $N=2$，对于柱面波 $N=1$；A_i 为某炸药的常数 A，MPa；A_T 为梯恩梯装药的 A 值；Q_{wi} 为某炸药的爆热，J/kg；Q_{wT} 为梯恩梯的爆热，J/kg。

表 5.4　球形和柱形装药的 A 和 α 值

炸药	球形装药			柱形装药		
	A/MPa	α	适用范围	A/MPa	α	适用范围
梯恩梯	3700	1.15	$6<R/r_0<12$	1545	0.72	$35<R/r_0<3500$
	1470	1.13	$12<R/r_0<240$			
黑索金	14750	3	$1<R/r_0<2.1$	4800	1.08	$1.3<R/r_0<17.8$
	7480	2	$2.1<R/r_0<5.7$	1770	0.71	$17.8<R/r_0<24$
	2190	1.2	$5.7<R/r_0<283$			

1. 水下冲击波参数的经验计算公式

根据 J. 亨利奇所做的实验得出的超压公式为：

对于球形装药

$$\begin{cases} \Delta P_{wf} = \dfrac{35.5}{\bar{R}} + \dfrac{11.5}{\bar{R}^2} - \dfrac{0.244}{\bar{R}^3}, & 0.05 \leqslant \bar{R} \leqslant 10 \\ \Delta P_{wf} = \dfrac{29.4}{\bar{R}} + \dfrac{138.7}{\bar{R}^2} - \dfrac{178.3}{\bar{R}^3}, & 10 \leqslant \bar{R} \leqslant 50 \end{cases} \tag{5.50}$$

式中：相对距离 $\bar{R}=R/\sqrt[3]{W}$。

对于柱形装药

$$\Delta P_{wf} = 72\bar{R}^{0.72} \tag{5.51}$$

式中：相对距离 $\bar{R}=R/\sqrt{W_c}$。而 W_c 由下式给出：

$$W_c = W_{cs} Q_{ws}/Q_{wT} \tag{5.52}$$

式中：W_{cs} 是给定炸药的相对装药质量（单位距离的质量）；Q_{ws} 是给定炸药的爆热；Q_{wT} 是梯恩梯的爆热。

上面的公式基本是按照爆炸相似律，通过大量的实验得出系数，从而建立的经验公式。它的优点是简单方便，其缺点是误差较大。

工程上根据爆炸相似律，集中装药水中爆炸的水中冲击波峰值压力 P_{wf} 和比冲量 i 以及水流能量密度 E 的经验计算公式分别为

$$\begin{cases} P_{wf}=\kappa\left(\dfrac{\sqrt[3]{W}}{R}\right)^{\alpha} \\ i=l\sqrt[3]{W}\left(\dfrac{\sqrt[3]{W}}{R}\right)^{\beta} \\ E=m\sqrt[3]{W}\left(\dfrac{\sqrt[3]{W}}{R}\right)^{\gamma} \end{cases} \tag{5.53}$$

式中：κ、α、l、β、m、γ 各系数由实验确定。

与水中爆炸一样，对某一定点，其压力在冲击波刚到达的瞬间达到最大，然后随时间延长逐渐减小。某一点的超压随时间的变化关系可由经验公式计算：

$$\Delta P(t)=\Delta P_{\phi}\mathrm{e}^{(-1/\theta^{*})(t-R/c_{z0})}\sigma_0\left(t-\frac{R}{c_{z0}}\right) \tag{5.54}$$

式中：θ^{*} 是由实验确定的时间常数，$\theta^{*}=10^{-4}\sqrt[3]{W}R^{0.24}$。

$$\sigma_0\left(t-\frac{R}{c_{z0}}\right)=\begin{cases}1, & t>R/c_{z0} \\ 0, & t<R/c_{z0}\end{cases} \tag{5.55}$$

对于比冲量，有

$$i(t)=\int_0^t \Delta P(t)\mathrm{d}t=\Delta P_{\phi}\theta^{*}(1-\mathrm{e}^{-t/\theta^{*}}) \tag{5.56}$$

冲击波作用下的总比冲量为

$$i=i_{\phi}=\int_0^{\infty}\Delta P(t)\mathrm{d}t=\Delta P_{\phi}\theta^{*}=604\sqrt[3]{W}R^{-0.86} \tag{5.57}$$

水中冲击波的持续时间比空气中爆炸波超压的持续时间要短得多(爆炸波的运动速度快)，如果等效波与时间的关系取简单形式，即

$$\Delta P(t)=\Delta P_{\phi}(1-t/\tau_n),\quad 0\leqslant t\leqslant\tau_n \tag{5.58}$$

则方程：

$$i_{\phi}=i_n=\int_0^{\tau_n}\Delta P(t)\mathrm{d}t=\Delta P_{\phi}\tau_n/2 \tag{5.59}$$

在水中：

$$\tau=\tau_n=2\times10^{-4}\sqrt[4]{W}R \tag{5.60}$$

式中：τ 为水中爆炸波的超压持续时间。水中冲击波过后，压缩水层的厚度 λ(爆炸波波长)近似等于 1460τ(m)。

2. 水的状态方程

水的状态方程很复杂，随加载方式、压力、温度的变化而变化，表达形式有很多。泰特(Taut)通过试验求得：

$$V(T,p)=V(T,0)\left[1-\frac{1}{n}\left(1+\frac{p}{B}\right)\right] \tag{5.61}$$

式中：n、B 为实验常数，其中 B 是温度的函数。

布里奇曼(Bridgman)状态方程为

$$p=(109-93.7V)(T-348)+5010V^{-5.56}-4310 \tag{5.62}$$

对于绝热过程(爆炸波传播过程)，水的状态方程可以写成

$$\frac{p+C}{p^*}=\left(\frac{\rho}{\rho^*}\right)^{k(s)} \tag{5.63}$$

式(5.63)称为泊松(Poisson)绝热线。式中：C、p^*、ρ^* 为常数。$C=540$ MPa，$\rho^*=2.53\ \mathrm{g/cm^3}$，$p^*=912000\ \mathrm{kg/cm^2}$。$k(s)$为与熵有关的函数，并且在 $p<3000$ MPa 范围内变化不大，$k(s)\approx k\approx 5.5$。

对于理想绝热过程(等熵过程)，泰特公式可写成

$$\frac{p+B}{\rho^{k_2}}=\frac{p_0+B}{\rho_0^{k_2}} \tag{5.64}$$

式中：$k_2=7.15$；$B=304.5$ MPa。

5.4　水中冲击波的反射

当装药在有限水介质中爆炸时，必须考虑界面对冲击波的影响。如果水中冲击波垂直作用于绝对刚体，则波阵面上运动的质点会突然停止运动，而超压增加到最大。于是一个反射波从与入射质点流动方向相反的方向传播，此时的反射称为正反射。反射压力可以按空气冲击波反射类似的方法进行计算。对于绝对刚体，由于 $u_2=0$，因此：

$$(P_2-P_1)(1/\rho_1-1/\rho_2)=(P_1-P_0)(1/\rho_0-1/\rho_1) \tag{5.65}$$

式中：P_0、ρ_0 为未经扰动的水介质压力和密度；P_1、ρ_1 仍为入射波阵面的压力和密度；P_2、ρ_2 为反射波阵面的压力和密度。

式(5.65)稍加整理可得

$$(P_2-P_1)/(P_1-P_0)=(\rho_2/\rho_0-1)/(\rho_2/\rho_1-1) \tag{5.66}$$

水中冲击波压力和密度的关系可按冲击波强度选用前面讨论的有关计算式。计算的结果列于表5.5。

表5.5　水中冲击波在刚体表面正反射的计算数据

入射波压力 P_1/MPa	50	100	500	1000	2500	5000
反射波与入射波压力之比	2.055	2.11	2.36	2.60	3.05	3.50

从表中结果可以看出，冲击波在水中正反射时，壁面压力的升高比空气冲击波

要小得多，这是因为水的可压缩性远小于空气。

J.亨利奇提出，水中冲击波的反射超压可用下面公式计算

$$\Delta P_2=(0.2\Delta P_1+0.25\Delta P_1^2)/(\Delta P_1+19000) \quad (5.67)$$

式中：ΔP_2 为水中冲击波的反射波超压；ΔP_1 为水中冲击波的入射波超压。

如果入射波超压在 $0\leqslant\Delta P_1\leqslant120$ MPa 的范围之内，则反射波超压可以近似为 $\Delta P_2\approx2\Delta P_1$。

装药在水底爆炸，如同在半无限空间中爆炸（接触爆炸），这时相当于将装药量增加一倍，即可将 $W_c=2W$ 代入式(5.53)，计算出水中冲击波的超压等参数。实际上水底并不是绝对刚性的，要吸收一部分能量，一般以 1.3～1.5 倍装药量代入计算。

自由表面（水和空气的界面）的存在会对水中冲击波的传播有明显的影响。水中冲击波到达自由表面就反射为拉伸波，拉伸波负压力的绝对值约等于入射波到达水平表面时的压力，水面下任一点 A 最初受到入射冲击波的正压作用，后来反射拉伸波使得合成压力低于周围介质的静水压力，如图 5.7 所示。因此自由面的影响可以看成将压缩波削去一截。

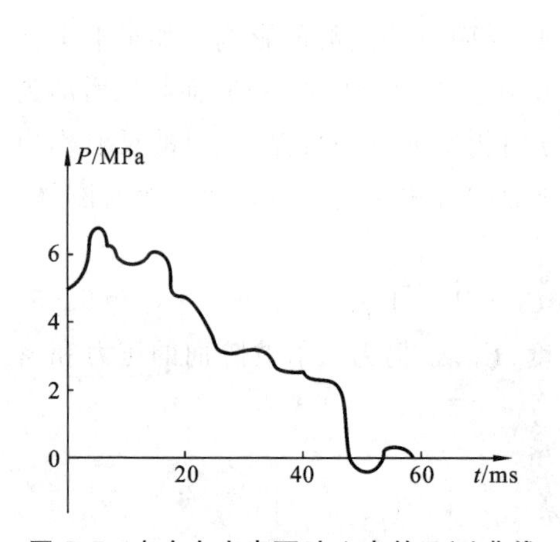

图 5.7 存在自由表面时 A 点的 $P(t)$ 曲线

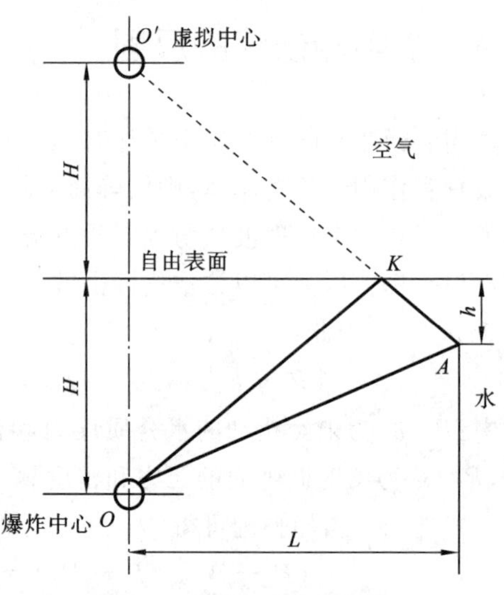

图 5.8 镜像反射示意图

在水面处的峰值压力可按下式计算：

$$P_m-P_0=(P_x-P_0)(1-0.85r_1/r_2)\cdot r_0/r_1$$

式中：P_x 为装药表面冲击波的初始压力；P_0 为爆炸中心处的静水压力；r_1、r_2 分别为 A 点到装药及装药镜像的距离（见图 5.8）；r_0 为装药半径。图 5.8 中，$OA=r_1$，$L=120r_0$，$O'A=r_2$，$H=25r_0$，$h=8.4r_0$。

5.5　水中冲击波的作用

炸药在水中爆炸时，对水中建筑物和舰、船的破坏作用主要是爆炸后形成的冲击波、气泡脉动和二次压力波的作用。各种猛炸药在水中爆炸时，有一半以上的能量转化为水中冲击波。因此在多数情况下，冲击波的破坏作用起着决定性的作用。从军事战略、战术上来讲，可以利用水中爆炸(在现代战争中一般是将带核弹头的导弹发射至目标物上引起核爆炸)来破坏对方的水库大坝，而一般的大坝都有较强的发电能力，大坝破坏之后，可以造成对方工业因无电而瘫痪，且大坝被破坏也会造成下游地区的洪灾，使千百万人民流离失所，可在战略上收到很大效果。在战术上，主要采用水雷、鱼雷、深水炸弹等来摧毁敌方的舰船。例如一个装药量为 300 kg 的鱼雷，在水深 7～8 m 处与舰艇直接接触爆炸可以产生半径为 7 m 的孔洞。这样的孔洞，即使是巨型的舰艇也往往只需十多分钟就会沉没。

水中接触爆炸和大气中接触爆炸一样，在相应的爆炸应力计算公式中 $W_c=2W$。除了爆炸的直接作用外，还有水中冲击波、气泡脉动和二次压力波对目标物的破坏作用。

水中非接触爆炸，按其作用和对目标物的破坏作用，大致可以分为两种情况：近距离(即装药与目标物的距离小于气泡的最大半径)时，冲击波、气泡脉动和二次压力波三者都作用于目标；另一种是较远距离的爆炸，这时装药与目标物的距离远大于气泡的最大半径，目标物主要受到水中冲击波的破坏作用。

水中爆炸的破坏作用与装药质量及目标与爆炸中心的距离有关。水中爆炸时，水中冲击波对在水中的人体的冲击伤要比在大气中严重得多。水中冲击波能使人体的脏器(胃、肠、肝、脾、肾、心肌、肺等等)受到损伤。水中爆炸时，不同装药质量和不同距离对人体的冲击伤列于表 5.6。

表 5.6　水中爆炸不同装药质量和不同距离对人体的损伤

装药质量/kg	1	3	5	50	250	500
人体致死的极限距离/m	8	10	25	75	100	250
引起轻度脑震荡，同时使胃、肠壁损伤的距离/m	8～20	10～25	25～100	75～150	100～200	250～350
引起微弱脑震荡，而脑腔、内脏不受损伤的距离/m	20～100	50～300	100～350			

思 考 题

1. 详细叙述炸药在水中爆炸时,爆炸波的形成和传播过程。
2. 气泡脉动现象产生的机理是什么?
3. 与空气介质相比,水介质中的爆炸有哪些特点?
4. 水中冲击波为何要分为三个区域进行计算?

参考文献

[1] 李翼祺,马素贞. 爆炸力学[M]. 北京:科学出版社,1992.
[2] 罗兴柏,张玉令,丁玉奎. 爆炸力学理论教程[M]. 北京:国防工业出版社出版,2016.
[3] 吴艳青,刘彦,黄风雷,等. 爆炸力学理论及应用[M]. 北京:北京理工大学出版社,2021.

第 6 章　岩土中爆炸理论及应用

岩土中的爆炸理论及应用是爆炸力学的重要学习内容，前面介绍的很多知识均是为本章的学习打基础。很多实际爆破工程的对象都属于岩土类介质，例如矿山开采及土石方工程中的开山炸石，城市控制爆破中混凝土、钢筋混凝土和砖结构爆破拆除，都是岩土中爆炸涉及的内容。

6.1　岩土的组成和物理性质

6.1.1　岩土的分类

岩土的组成很复杂，它一般由多种矿物质组成，颗粒与颗粒之间有的相互联系，有的互不联系。岩土的空隙中还含有水和气体，气体通常是空气。如果按岩土颗粒间介质联系的类型、空隙率和颗粒的大小分类，岩土可分为以下几种。

1）坚硬岩石和半坚硬岩石

这类岩石颗粒之间都有矿物质结合物，矿物质结合物的刚度与颗粒本身的刚度接近，这类岩石的空隙率一般很低。

2）黏性土

黏性土由弹性的水胶体将固体的矿物质颗粒连接起来所组成。干燥时，结合体由刚性，但并不坚实的盐类结合物连接而成。

3）非黏性(松散)土

非黏性土是矿物质颗粒的集合体，颗粒间有摩擦力作用。当非黏性土为含水饱和土时，颗粒间还有毛细力作用。

6.1.2　坚硬岩石和半坚硬岩石的物理学性质

很多人对坚硬岩石和半坚硬岩石的物理性质进行过研究，研究结果表明：无裂隙的岩石在破损以前，可以看作服从胡克定律的均质线弹性体。可以从参考书和资料中查出许多种岩石的物理性质，包括密度、声速、泊松比、弹性模量 E、剪切模量 G、抗压强度、抗拉强度、剪切强度等，如表 6.1 所示。

1. 岩石的主要力学性质

岩石的力学性质可视为在一定力场作用下性态的反映。岩石在外力作用下将

表 6.1　常见岩石的物理性质

岩石名称	密度/(g/cm^3)	容重/(t/m^3)	孔隙率/(%)	纵波波速/(m/s)	波阻抗/[$kg/(cm^2 \cdot s)$]
花岗岩	2.60～3.30	2.56～3.20	0.5～1.5	4000～6800	800～1900
玄武岩	2.80～3.30	2.75～3.20	0.1～0.2	4500～7000	1400～2000
辉绿岩	2.85～3.00	2.80～2.90	0.6～1.2	4700～7500	1800～2300
石灰岩	1.71～2.85	1.70～2.65	5.0～20.0	3200～5500	700～1900
白云岩	2.20～2.70	1.50～3.00	1.0～5.0	5200～6700	1200～1900
砂岩	1.65～2.69	1.60～2.56	5.0～25.0	3000～4600	600～1300
页岩	2.20～3.10	1.50～3.00	10.0～30.0	1800～3970	430～930
板岩	2.30～2.70	2.10～2.80	0.1～0.5	2500～6000	575～1620
片麻岩	2.90～3.00	2.60～2.85	0.5～1.5	5500～6000	1400～1700
大理岩	2.60～2.70	2.45～2.75	0.5～2.0	4000～5900	1200～1700
石英岩	2.65～2.90	2.54～2.85	0.1～0.8	5000～6500	1100～1900

发生变形，这种变形因外力的大小、岩石物理力学性质的不同而呈现弹性、塑性、脆性性质。当外力继续增大至某一值时，岩石便开始破坏，岩石开始破坏时的强度称为岩石的极限强度，因受力方式的不同而有抗拉、抗剪、抗压等强度极限。岩石与爆破有关的主要力学性质如下。

(1) 岩石的变形，包括弹性变形、塑性变形及脆性变形。

弹性：岩石受力后发生变形，当外力解除后恢复原状的性能。

塑性：当岩石所受外力解除后，岩石不能恢复原状而留有一定残余变形的性能。

脆性：岩石在外力作用下，不经显著的残余变形就发生破坏的性能。

岩石因其成分、结晶、结构等的特殊性，不像一般固体材料那样有明显的屈服点，而是在所谓的弹性范围内呈现弹性和塑性，甚至在弹性变形一开始就呈现出塑性变形。脆性是坚硬岩石的固有特征。

弹性模量 E：岩石在弹性变形范围内，应力与应变之比。

泊松比 μ：岩石试件单向受压时，横向应变与竖向应变之比。

(2) 岩石的强度。岩石强度是指岩石在外力作用下发生破坏前所能承受的最大应力，是衡量岩石力学性能的主要指标。

单轴抗压强度：岩石试件在单轴压力下发生破坏时的极限强度。

单轴抗拉强度：岩石试件在单轴拉力下发生破坏时的极限强度。

抗剪强度：岩石抵抗剪切破坏的最大能力。抗剪强度 τ 用发生剪断时剪切面上的极限应力表示，它与对试件施加的压应力 σ、岩石的内聚力 c 和内摩擦角 φ 有关，即 $\tau=\sigma\tan\varphi+c$。矿物的组成、颗粒间连接力、密度以及孔隙率是决定岩石强度的内在因素。

实验表明，岩石具有较高的抗压强度、较小的抗拉和抗剪强度。一般抗拉强度比抗压强度小 90%～98%，抗剪强度比抗压强度小 87%～92%。

2. 岩石的动力学特性

引起岩石变形及破坏的载荷有动载荷和静载荷之分。一般给出的岩石力学参数均为静载荷作用下的性质。普遍认为，在动载荷作用下岩石的力学性质将发生很大变化，它的动力学强度比静力学强度增大很多，变形模量也明显增大，而爆破作用是典型的动载荷。例如，对辉长岩试件进行静、动态加载实验，其静力抗压强度为 180 MPa，当动力加载时长（加载至试件破坏的时间）为 30 s 时抗压强度增大至 210 MPa，加载时长为 3 s 时抗压强度增大至 280 MPa，相对于静载强度分别提高了 17%和 56%。

根据实验研究结果，载荷的动态特性可用变形过程中的平均加载率或平均应变率来评价，如表 6.2 所示。

表 6.2　不同载荷的动态特性比较

加载方式	稳定载荷	液压机加载	压气机加载	冲击杆加载	爆炸冲击
应变率 ε/s^{-1}	$<10^{-6}$	$10^{-6}\sim10^{-4}$	$10^{-4}\sim10$	$10\sim10^{4}$	$>10^{4}$
载荷状态	流变	静态	准静态	准动态	动态

岩石在冲击凿岩或炸药爆炸作用下，承受的是一种载荷持续时间极短、加载速率极高的典型冲击型动态载荷。

炸药爆炸是一种强动载扰动源，爆轰波瞬间作用在岩石界面上，使岩石的状态参数产生突变，形成强间断，并以超过介质声速的冲击波形式向外传播。随着传播距离的增加，冲击波能量迅速衰减而转化为波形较为平缓的应力波。现场测试表明，爆源近区冲击波作用下岩石的应变率 ε 为 $10^{11}/s$，中、远区应力波的传播范围内应变率 ε 也达到 $5\times10^{4}/s$。

6.1.3　黏性土的物理力学性质

1. 黏性土的相图、密度和湿度

众所周知，土是由多种物质组成的，组成土的每种物质称为土相。一般地，可以把土看作由固体颗粒、水和空气组成的一种三相介质。

令 α_1、α_2、α_3 分别代表固体颗粒、水和空气的相对体积，即单位体积土中相应各相所占的体积，则

$$\alpha_1+\alpha_2+\alpha_3=1 \tag{6.1}$$

令 $\bar{\rho}_1$、$\bar{\rho}_2$、$\bar{\rho}_3$ 代表单位体积土中各个相的质量，ρ_1、ρ_2、ρ_3 表示各个相的密度，ρ 表示土的总体密度，则：

$$\rho=\bar{\rho}_1+\bar{\rho}_2+\bar{\rho}_3=\alpha_1\rho_1+\alpha_2\rho_2+\alpha_3\rho_3 \tag{6.2}$$

一般，$\rho_1=2.5\sim2.8\ \mathrm{g/cm^3}$；$\rho_2=1.0\sim1.5\ \mathrm{g/cm^3}$；$\rho_3=1.25\times10^{-4}\ \mathrm{g/cm^3}$。

通常认为，$\rho_3=\bar{\rho}_3=0$，则：$\rho=\bar{\rho}_1+\bar{\rho}_2$。为了表示相态，有时还要用到一些系数：

$\rho_s=\alpha_1\rho_1=\bar{\rho}_1$，土的骨架密度；

${}^0W_v=\dfrac{\alpha_2\rho_2}{\alpha_1\rho_1}$，含水质量比（相对于固体颗粒）；

${}^0W_V=\alpha_2\rho_2=\bar{\rho}_2$，单位体积土中的含水量；

$n_{0b}=\alpha_2+\alpha_3$，总的空隙率；

$n_v=\alpha_3$，自由空隙率；

$\varepsilon_p=\dfrac{(\alpha_2+\alpha_3)}{\alpha_1}$，空隙比。

2. 黏性土的变形

当黏性土受到外界作用力时，要产生变形，黏性土有两种变形机理。

1）土的骨架变形机理

骨架变形指仅土中固体颗粒发生变形。这种变形在低压时取决于颗粒结合面上结合物的弹性变形；高压时取决于结合物的破裂和各颗粒的位移。

2）土的所有相变形

这种变形取决于土各个相的体积压缩量。

当土受到压缩时，一般两种机理都起作用。只是在加载过程的不同阶段，其中一种机理的作用远远大于另一种机理的作用，使作用较小的机理几乎可以忽略。

例如，干土只含极少量的水和一些空气，而空气的可压缩性大大超过骨架的可压缩性。因此，在静载荷和动载荷作用下，开始时第一种变形机理起主要作用，第二种变形机理可以忽略。但随着压力的增加，颗粒之间的结合物发生变形和位移，土被压缩，从而所有相变形机理就变得越来越重要，当 $\sigma>\sigma_B$ 时（土在 $\sigma>\sigma_B$ 时剪切链消失），第二种变形机理起主要作用，第一种变形机理可以忽略。在含水饱和土中，颗粒接触面上的盐被水溶解，结合力受到削弱，土的空隙中充满着水，只含微量的空气，在快速动载荷作用下，水的抗力比骨架颗粒接触面上结合物的抗力大得多，土的变形和抗力主要以第二种变形机理为主。

3. 黏性土的状态方程

求解土的动力学问题,以土的所有相变形机理为基础是比较合适的。廖哈夫从土各个相的状态方程出发来推导土的状态方程。

对于空气,他采用泊松绝热曲线,将空气的状态方程表示为

$$p=p_0\left(\frac{\rho_3}{\rho_{30}}\right)^{k_3} \tag{6.3}$$

式中:p_0 为大气压,$p_0=\frac{\rho_{30}c_{30}^2}{k_3}$;$\rho_{30}$ 为大气压下空气的密度,$\rho_{30}=1.25\times10^{-4}$ g/cm^3;$c_{30}=340$ m/s,为声速;$k_3=1.4$,为空气的多方指数;ρ_3 为压力 p 时空气的密度。

对于水,状态方程为

$$p=p_0+\frac{\rho_{20}c_{20}^2}{k_2}\left[\left(\frac{\rho_2}{\rho_{20}}\right)^{k_2}-1\right] \tag{6.4}$$

式中:ρ_{20} 为水在大气压下的密度,$\rho_{20}=1.0$ g/cm^3;$c_{20}=1500$ m/s,为水中声速;$k_2=3\sim8$;ρ_2 为压力 p 时水的密度。

对于固体颗粒,其状态方程可表示为

$$p=p_0+\frac{\rho_{10}c_{10}^2}{k_1}\left[\left(\frac{\rho_1}{\rho_{10}}\right)^{k_1}-1\right] \tag{6.5}$$

式中:ρ_{10} 为固体颗粒的密度,$\rho_{10}=2.65$ g/cm^3;$c_{10}=4500$ m/s,为土中声速;$k_1=3$;ρ_1 为压力 p 时固体颗粒的密度。

用 α_{10}、α_{20}、α_{30} 分别表示初始大气压(p_0)下固体矿物质、水和空气的相对体积,用 ρ_{10}、ρ_{20}、ρ_{30} 和 c_{10}、c_{20}、c_{30} 表示其密度和声速。因为各个相的可压缩性不同,介质在压力 p 下的相对体积与 $p=p_0$ 时的相对体积是不同的。如果压力 p 下各个相的体积用 α_1、α_2、α_3 表示,密度用 ρ_1、ρ_2、ρ_3 表示,土的密度用 ρ 表示,则由 $p=p_0\left(\frac{\rho_3}{\rho_{30}}\right)^{k_3}$ 得

$$p=p_0\left(\frac{\bar{\rho}_3/\alpha_3}{\bar{\rho}_3/\alpha_{30}}\right)^{k_3} \tag{6.6}$$

式中:$\bar{\rho}_3$ 为初始大气压下单位体积的土中所含的空气的质量。故有

$$\frac{p}{p_0}=\left(\frac{\alpha_{30}}{\alpha_3}\right)^{k_3} \tag{6.7}$$

$$\alpha_3=\alpha_{30}\left(\frac{p}{p_0}\right)^{-\frac{1}{k_3}} \tag{6.8}$$

由 $p=p_0+\frac{\rho_{20}c_{20}^2}{k_2}\left[\left(\frac{\rho_2}{\rho_{20}}\right)^{k_2}-1\right]$ 得

$$\alpha_2=\alpha_{20}\left[\frac{(p-p_0)k_2}{\rho_{20}c_{20}^2}+1\right]^{\frac{-1}{k_2}} \tag{6.9}$$

由 $p=p_0+\frac{\rho_{10}c_{10}^2}{k_1}\left[\left(\frac{\rho_1}{\rho_{10}}\right)^{k_1}-1\right]$得

$$\alpha_1=\alpha_{10}\left[\frac{(p-p_0)k_1}{\rho_{10}c_{10}^2}+1\right]^{\frac{-1}{k_1}} \tag{6.10}$$

于是在压力 p 下，三相介质的密度 $\rho=\frac{\rho_0}{\alpha_1+\alpha_2+\alpha_3}$，将 α_1、α_2、α_3 代入有

$$\rho=\rho_0\left\{\alpha_{10}\left[\frac{(p-p_0)k_1}{\rho_{10}c_{10}^2}+1\right]^{\frac{-1}{k_1}}+\alpha_{20}\left[\frac{(p-p_0)k_2}{\rho_{20}c_{20}^2}+1\right]^{\frac{-1}{k_2}}+\alpha_{30}\left(\frac{p}{p_0}\right)^{-\frac{1}{k_3}}\right\}^{-1} \tag{6.11}$$

6.2 岩土中的爆炸特性

6.2.1 无限岩土中的爆炸

本节中，忽略各种岩土之间性质的差异，讨论岩土中爆炸的有关特性。

炸药爆炸时，爆轰波是以有限速度在炸药中传播的，爆轰波的传播速度一般在3000～7000 m/s，具体值取决于炸药的种类。这个速度通常大于应力波在岩土中的传播速度，可以认为在变形波离开岩土很近的点时，爆轰即完成。因此可以假定，爆炸气体的超压是同时作用在与药包接触的所有的岩土介质上的。由于变形过程很短，爆炸气体与周围介质不产生热交换，即爆炸作用过程可近似认为是一个绝热过程。

对于球形装药，在应力波理论一章中介绍了球面波传播过程中波阵面上径向应力、切向应力和剪切应力随时间和距离的变化情况。

炸药爆炸后的瞬间，爆炸气体压力很高，一般可达十几到几十万个大气压，而一般岩土的强度为几千千克每平方厘米。因此靠近药包表面的岩土将被压碎(甚至进入流体状态)，在这个区域内，岩土被强烈压缩，并朝远离药包的方向运动，产生一个变形很大的区域，在均质介质中，由于剪应力的作用，在这个区域内会形成一组滑移面，这些面的切线与自药包中心引出的射线之间成45°角，一般这个区域称为破碎区。

随着爆炸波的运动，波阵面上的压力迅速衰减，在一定距离处，波阵面上的径向压力低于岩土介质的极限动态抗压强度，此时变形特性产生变化，破碎现象和滑移面消失，由于岩土介质的运动，土被压实。对于岩石等脆性介质，其抗拉强度较低，只有抗压强度的几分之一到十几分之一，虽然波阵面上的径向应力小于介质的极限抗压强度，但其切向拉应力大于岩土介质的极限抗拉强度，会产生径向裂纹。

随着爆炸波的进一步运动，波阵面上的超压越来越低，在某一距离处，波阵面上的切向应力将小于岩土的极限抗拉强度，岩土将不再在爆炸波的作用下破裂，但由于爆炸气体扩散到周围介质的径向裂缝中，会产生气楔作用，可以使一些裂缝进一步扩展。

在爆炸波向外传播的同时，处于高温高压状态下的爆轰产物也要向外膨胀，随着爆轰产物的膨胀，其体积越来越大，压力越来越低。当爆轰产物膨胀到某一个体积时，爆轰产物的压力与周围介质的压力相等，但由于爆轰产物介质质点的惯性，爆轰产物还要继续向外运动，此时爆轰产物的压力小于周围介质的压力，爆轰产物介质质点的运动速度逐渐减小，当某一时刻，爆轰产物的运动速度为零时，体积达到最大，压力达到最小，而后在周围介质的作用下，爆轰产物要向里收缩，就从爆腔向外传播一个球形拉伸波，尽管拉伸波拉力不大，但爆腔周围介质经过爆炸波作用后产生了大量的裂纹，抗拉强度大大降低，在拉伸波作用下就会产生一些环向裂纹。环向裂纹与径向裂纹一起构成了岩土爆破的破裂区，如图 6.1 所示。

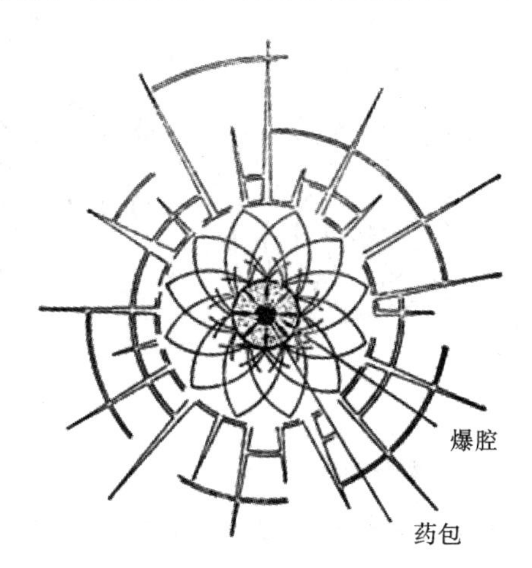

图 6.1　炸药在无限岩土中爆炸时的破裂模型

6.2.2　有自由面的岩土中的爆炸

上面介绍了炸药在无限岩土中的爆炸特性，实际工程中遇到的绝大多数爆破，都是药包在地表下一定深度爆炸。炸药爆炸产生的冲击波经过一段时间后，就要传到土与空气的交界面（自由表面）。炸药爆炸后，在爆炸波传到自由表面之前，自由表面对岩土爆破的特性没有影响，这一阶段可以称为爆炸波传播的第一阶段，第一阶段时间内爆炸波的特性完全与无限介质中一样。

一旦爆炸波到达自由表面，第一阶段即结束，第二阶段从爆炸波到达自由表面的瞬间开始。爆炸波到达自由表面后发生反射，从表面向下传播一拉伸波，在压力波、拉伸波和气室内爆炸气体产物的共同作用下，药包上方的土向上鼓起，地表由于鼓包运动产生拉伸波和剪切波，并从爆心沿着爆心的各个方向传播。研究表明，这些波具有最大振幅，并使地表产生最大震动。

对于有自由表面的岩土中的爆炸，造成爆炸地震波的双源传播机理是：第一个源为爆炸药包，其传递一个从药包朝各个方向传播的压缩波；第二个源由爆炸波入射到自由表面开始起作用，表现为药包上方岩土呈穹顶形拱起，这个源传递一群使地表产生最大震动的高幅波。

在地表任意点，首先到达的是由第一个源传递的压力波，接着是由第二个源传播的波群，然后是勒夫波，最后是由下层反射上来的波，它们可以看作第三个波源，如图 6.2 所示。

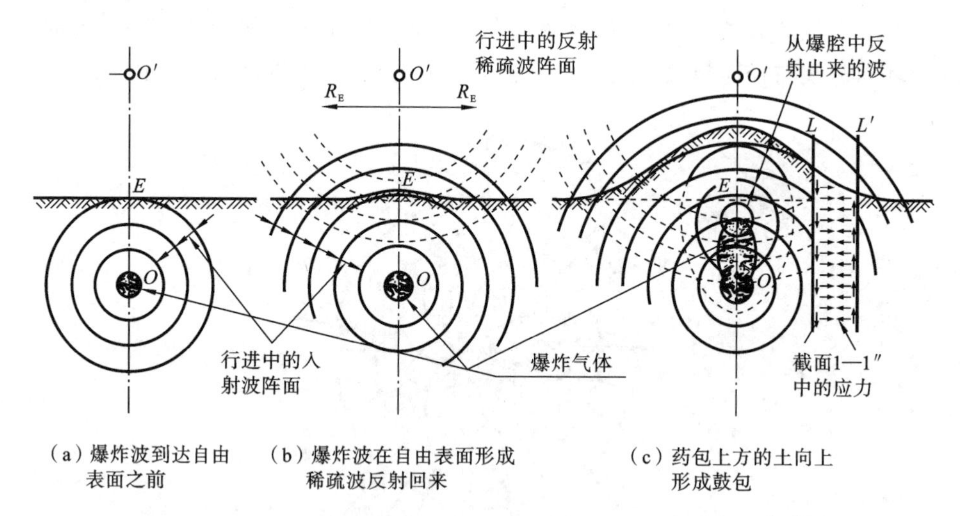

图 6.2　具有自由表面的介质中爆炸波传播的三个阶段

6.3　岩土中的爆炸波参数

6.3.1　岩土中爆炸波的传播规律

爆炸波是以爆炸为波源的应力波，在第 1 章中已学习过很多应力波的知识，它们同样也适用于爆炸波。

各种岩土具有不同的力学性质，关于岩土的基本流变模型至今还没有充分建立起来，现有的很多理论只是在变形或应力值在一定的范围内时才与实际情况相符，而爆炸波的压力范围变化相当宽，其值从靠近药包表面的高压到离药包很远的极低应力范围分布，所以在力学参量发生连续变化的介质中，爆炸波的传播理论还不完善。

对于较高压力的爆炸波，即冲击波，前面介绍的三个守恒方程还是成立的，即有

质量守恒方程：

$$\rho_0(N-u_0)=\rho_\phi(N-u_\phi) \tag{6.12}$$

动量守恒方程：

$$P_\phi-P_0=\rho_0(N-u_0)(u_\phi-u_0) \tag{6.13}$$

能量守恒方程：

$$e_\phi-e_0=\frac{1}{2}(P_\phi+P_0)\left(\frac{1}{\rho_0}-\frac{1}{\rho_\phi}\right) \tag{6.14}$$

如果冲击波到达前，岩土是静止的，则有 $u_0=0$，解质量守恒方程和动量守恒方程有

$$N=\sqrt{\frac{\rho_\phi(P_\phi-P_0)}{\rho_0(\rho_\phi-\rho_0)}} \tag{6.15}$$

$$u_\phi=\sqrt{(P_\phi-P_0)\left(\frac{1}{\rho_0}-\frac{1}{\rho_\phi}\right)} \tag{6.16}$$

将土的状态方程：

$$\rho=\rho_0\left\{\alpha_{10}\left[\frac{(p-p_0)k_1}{\rho_{10}c_{10}^2}+1\right]^{\frac{-1}{k_1}}+\alpha_{20}\left[\frac{(p-p_0)k_2}{\rho_{20}c_{20}^2}+1\right]^{\frac{-1}{k_2}}+\alpha_{30}\left(\frac{p}{p_0}\right)^{-\frac{1}{k_3}}\right\}^{-1} \tag{6.17}$$

代入式(6.15)和式(6.16)，得到

$$N^2=\frac{P_\phi-P_0}{\rho_0}\left\{1-\alpha_{30}\left(\frac{p}{p_0}\right)^{-\frac{1}{k_3}}-\alpha_{20}\left[\frac{(p-p_0)k_2}{\rho_{20}c_{20}^2}+1\right]^{\frac{-1}{k_2}}-\alpha_{10}\left[\frac{(p-p_0)k_1}{\rho_{10}c_{10}^2}+1\right]^{\frac{-1}{k_1}}\right\}^{-1} \tag{6.18}$$

$$u_\phi^2=\frac{P_\phi-P_0}{\rho_0}\left\{1-\alpha_{30}\left(\frac{p}{p_0}\right)^{-\frac{1}{k_3}}-\alpha_{20}\left[\frac{(p-p_0)k_2}{\rho_{20}c_{20}^2}+1\right]^{\frac{-1}{k_2}}-\alpha_{10}\left[\frac{(p-p_0)k_1}{\rho_{10}c_{10}^2}+1\right]^{\frac{-1}{k_1}}\right\} \tag{6.19}$$

如果已知波阵面上的压力 P_ϕ 或超压 ΔP_ϕ，则可以求出爆炸波阵面的运动速度 N 和爆炸波作用下岩土质点的运动速度 u_ϕ。

为了检验公式的适用性，人们对实验结果与计算结果进行了对比。图 6.3 为对孔隙率 $\alpha_{20}+\alpha_{30}=0.4$ 的饱和土绘制的 $N(P_\phi)$关系曲线。曲线 1、2、3、4 是相对于空气相对体积为 0、10^{-4}、10^{-3}、10^{-2} 的理论曲线；曲线 5、6、7、8 是由实验得到的，它们分别对应的 α_{30} 为 0、5×10^{-4}、10^{-2}、4×10^{-2}。从图中可以看出，同样超压

情况下，爆炸波的运动速度 N 随 α_{30} 的增大而迅速减小。在不含空气的土中，传播速度变化很小。

从图 6.3 中还可以看出，在 α_{30} 较小时，理论曲线与实验曲线比较接近，在 α_{30} 较大时，理论计算值与实验值相差较大。误差的产生原因主要是土的状态方程取值不够精确。

图 6.4 给出了根据公式计算的饱和土的质点速度 $u_\phi(P_\phi)$ 关系曲线，土的孔隙率假定为 $\alpha_{20}+\alpha_{30}=0.4$。曲线 1、2、3 分别对应于 $\alpha_{30}=0$、10^{-2}、5×10^{-2} 的情况。从图中可以看出，在 α_{30} 相同时，爆炸波作用下，土介质质点的运动速度随压力的增加而增加，但在相同压力下，α_{30} 越大，质点速度越大，这一点与爆炸波的运动速度的变化情况相反。

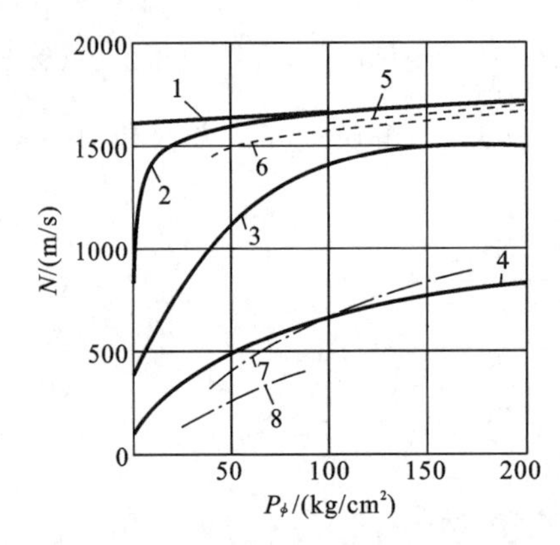

图 6.3　爆炸波速度与最大超压的关系曲线

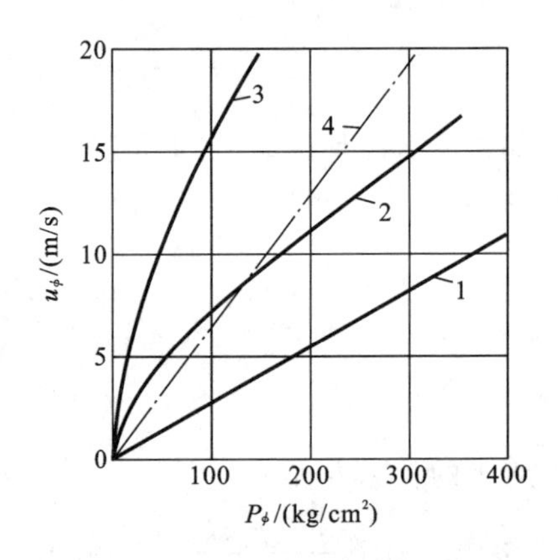

图 6.4　冲击波阵面上的质点速度与最大压应力之间的关系曲线

在三相土中，爆炸波的传播规律很复杂，具体规律这里不作深入介绍。但需要知道，实验证明，在非饱和土中当爆炸波垂直入射到刚性障碍物时，超压将增加 1～2.3倍，具体视土的种类和超压的大小而定。

6.3.2　岩土中爆炸波参数

岩土中爆炸的基本参数与空气中爆炸的基本参数相似，主要有 ΔP_ϕ、τ、$\Delta\tau$、i_ϕ。其中，ΔP_ϕ 为爆炸波阵面上的超压；τ 为超压的持续时间；$\Delta\tau$ 为从爆炸先导波到达到超压达到最大值所需要的时间；i_ϕ 为某一点处爆炸波的比冲量。

爆炸波的参数最可靠的值是用半理论、半实验的方法得到的，萨道夫斯基认为 ΔP_ϕ、τ、$\Delta\tau$、i_ϕ 的具体形式可以取为

$$\Delta P_\phi=\sum_{i=1}^{n}A_i\left(\frac{1}{R}\right)^i \tag{6.20}$$

$$\tau = \sum_{i=1}^{n} B_i \left(\frac{1}{\overline{R}}\right)^i \tag{6.21}$$

$$\Delta\tau = \sum_{i=1}^{n} C_i \left(\frac{1}{\overline{R}}\right)^i \tag{6.22}$$

$$i_\phi = \sum_{i=1}^{n} D_i \left(\frac{1}{\overline{R}}\right)^i \tag{6.23}$$

式中：A_i、B_i、C_i、D_i 是由实验确定的常数，确定的准则是使公式计算值尽量与实验值相近，通常级数取 3～4 项（即 $n=3$ 或 4）。

实验表明，在离药包中心 $100R_w \sim 120R_w$ 的距离内，爆炸波的最大超压值比在它后面的稀疏波的负压的绝对值高得多。在 $400R_w \sim 500R_w$ 的距离内，爆炸波的最大超压值已很小，与稀疏波的负压的绝对值为同一个量级。

在炸药爆炸作用下，岩土的破碎半径一般为 $(2\sim3)R_w$，破裂半径一般不超过 $6R_w$，在 $6R_w$ 以外，爆炸波便不再对岩石造成破坏，除非它碰到自由表面。

图 6.5 给出了某些岩石中集中药包爆炸（2 g 太安炸药爆炸）时超压的持续时间 $\tau\times10^3/R_w$ 与相对距离 $\bar{r}=\dfrac{R}{R_w}$ 的简化关系。

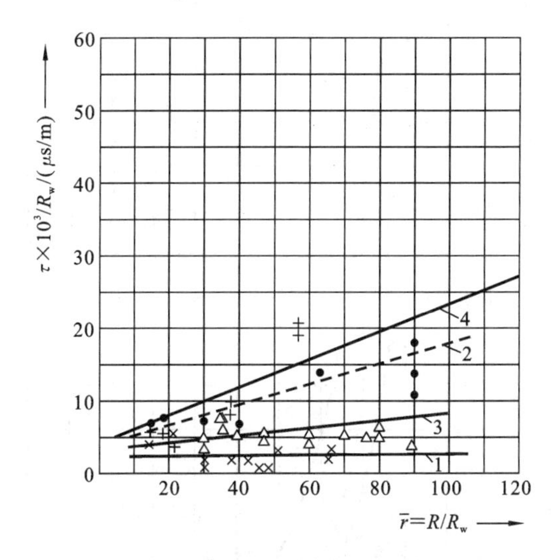

图 6.5　2 g 太安炸药爆炸超压持续时间与相对距离的关系

1—辉绿岩；2—花岗岩；3—大理岩；4—饱和水石灰岩

图 6.5 中，×、＋、△、· 分别代表辉绿岩、花岗岩、大理岩和饱和水石灰岩的实验数据。从图中可以看出，用拟合的直线关系计算出的 τ 值与实验值有一定的误差。

$\tau \times 10^3 / R_w$ 与 $\bar{r}=\frac{R}{R_w}$ 的解析式可写成：

$$\frac{\tau \times 10^3}{R_w}=B_0+B_1 \frac{R}{R_w} \ (\mu s/m) \quad 5 \leqslant \frac{R}{R_w} \leqslant 120 \tag{6.24}$$

或

$$\frac{\tau}{R_w}=10^3 (B_0+B_1 \bar{r}) \tag{6.25}$$

式中：B_0、B_1 为常数，对于不同岩石介质，其值不同。

对应于图 6.5 中的实验值，其中 B_0、B_1 的值见表 6.3。

表 6.3 不同岩石的 B_0、B_1 值

常数	辉绿岩	大理岩	花岗岩	饱和水石灰岩
B_0	2.5	3.2	4.4	4.1
B_1	4.55×10^{-3}	0.0529	0.13	0.193

图 6.6 绘出了 2 g 球形太安炸药爆炸时，实验测得的某些岩石中最大超压 ΔP_ϕ 与相对距离 $\bar{r}$ 之间的关系。

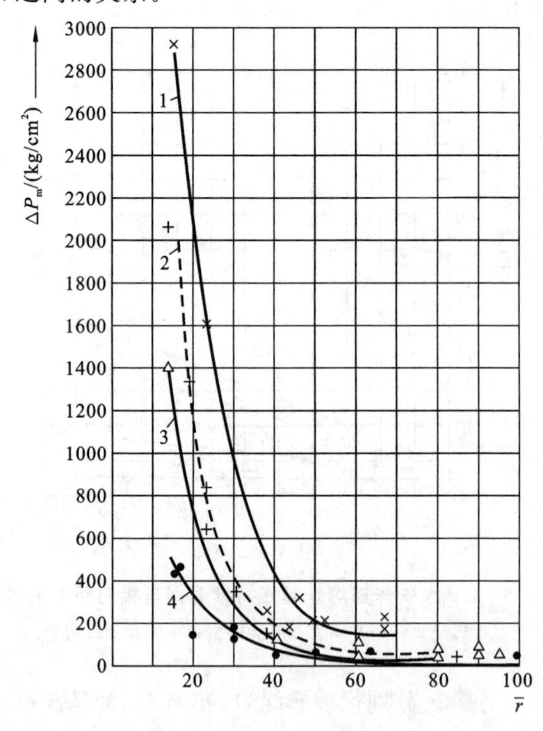

图 6.6 2 g 太安炸药爆炸最大超压与相对距离的关系

1—辉绿岩；2—花岗岩；3—大理岩；4—饱和水石灰岩

这些曲线可用解析式表达成：

$$\Delta P_{\phi}=\frac{A_1}{\bar{r}^3}+\frac{A_2}{\bar{r}^2}+\frac{A_3}{\bar{r}} \tag{6.26}$$

式中：A_1、A_2、A_3 是由实验确定的常数，如表 6.4 所示。

表 6.4　几组岩石的实验参数

常数	辉绿岩	花岗岩	大理岩	石灰岩
A_1	18.56×10^6	1.27×10^6	1.67×10^6	-1.51×10^6
A_2	88.82×10^4	20.18×10^4	4.71×10^4	21.33×10^4
A_3	202.01×10^2	38.59×10^2	46.70×10^2	-3.9×10^2
$\rho_0 c_p$	18.2×10^5	13.5×10^5	12.1×10^5	8.3×10^5

与介质材料本身的性质相对照，从实验结果中可以发现，在相同 $\bar{r}$的情况下，岩石的声阻抗 $\rho_0 c_p$ 越高，超压值就越大。从辉绿岩到石灰岩，它们的 $\rho_0 c_p$ 依次降低，在相同 $\bar{r}$处，其超压值也按辉绿岩→花岗岩→大理岩→石灰岩的顺序依次降低。

由实验结果分析发现，炸药的爆炸能越高，在同样的相对距离 $\bar{r}$处最大超压越高。这种差别在药包附近最大，随着距离的增加，差别迅速减小。例如梯恩梯与相等质量的太安炸药在花岗岩中爆炸，在 $20R_w$ 处，太安炸药产生的超压值比梯恩梯炸药产生的超压值高 5 倍，而在 $50R_w$ 处，两种炸药产生的超压值几乎相等。

在爆炸波作用下，介质的最大质点运动速度为

$$u_{\phi}=\frac{\Delta P_{\phi}}{\rho_0 c_p} \tag{6.27}$$

将前面得到的 ΔP_{ϕ} 的计算公式 $\Delta P_{\phi}=\frac{A_1}{\bar{r}^3}+\frac{A_2}{\bar{r}^2}+\frac{A_3}{\bar{r}}$代入，得

$$u_{\phi}=\frac{C_1}{\bar{r}^3}+\frac{C_2}{\bar{r}^2}+\frac{C_3}{\bar{r}} \tag{6.28}$$

可发现，对于各种岩石，C_1、C_2、C_3 都是相同的，它仅与炸药的种类有关。

对于太安炸药集中药包爆炸，有

$$u_{\phi}=10^2\left(\frac{\bar{C}_1}{\bar{r}^3}+\frac{\bar{C}_2}{\bar{r}^2}+\frac{\bar{C}_3}{\bar{r}}\right) \tag{6.29}$$

式中：$\bar{C}_1=33210$ cm/s；$\bar{C}_2=-396$ cm/s；$\bar{C}_3=36.3$ cm/s。

对于其他炸药，$C_i(i=1,2,3)$取其他值。

同种炸药在不同的岩石中爆炸时，在同一相对距离处，最大质点运动速度为常数(即在相同的 $\bar{r}$处 u_{ϕ} 相同)。这一事实可用来建立炸药爆炸时，爆炸波在不同的岩石中传播时超压的通用计算公式。

对于某一种炸药，测得它在某种岩石中爆炸产生的一系列 u_ϕ 值（目前，在所有爆炸参数中，测量最精确的就是速度），通过回归分析就可得到 $u_\phi = u_\phi(\bar{r})$，则此种炸药在各种不同种类岩石中爆炸时的最大超压就可表示为：$\Delta P_\phi = \rho_0 c_p u_\phi(\bar{r})$。

例如，太安在各种不同岩石中爆炸时，其最大超压值可写成

$$\Delta P_\phi = 10^2 \rho_0 c_p \left(\frac{\overline{C}_1}{\bar{r}^3} + \frac{\overline{C}_2}{\bar{r}^2} + \frac{\overline{C}_3}{\bar{r}} \right) \tag{6.30}$$

不同的岩石有不同的 $\rho_0 c_p$ 值。

在离药包中心距离 R 处，介质质点的最大位移 $\upsilon_m(\bar{r})$ 为

$$\upsilon_m(\bar{r}) = \int_0^\tau u(\bar{r},t)\mathrm{d}t = \int_0^\tau [\Delta P(\bar{r},t)/(\rho_0 c_p)]\mathrm{d}t = \frac{i_m}{\rho_0 c_p} \tag{6.31}$$

式中：$i_m = \int_0^\tau \Delta P(\bar{r},t)\mathrm{d}t$，为离药包中心距离 R 处的比冲量。

爆炸波过后，爆炸波后面的稀疏波使质点向后运动，如果爆炸波过后介质不留下永久性位移，则介质质点在爆炸波过后的位置与它在爆炸波到达前的位置相同。

对于太安炸药集中药包在大理岩中爆炸，可以得到关系式：

$$\frac{i_m}{R_w} = \frac{D_1}{\bar{r}^3} + \frac{D_2}{\bar{r}^2} + \frac{D_3}{\bar{r}} \tag{6.32}$$

式中：$D_1 = 816 \times 10^6$；$D_2 = -2055 \times 10^4$；$D_3 = 2745 \times 10^2$。

以上内容是关于集中药包在岩石中爆炸的爆炸波参数，式(6.32)在$(15 \sim 20)R_w$到$(110 \sim 120)R_w$ 的范围内有效。

对于延长药包爆炸所传播的爆炸波的最大超压，根据日本学者熊尾日野的研究结果有：

$$\Delta P_\phi = \sigma_{r\phi} = \sigma_{\theta\phi} = \Delta P_D \left(\frac{1}{\bar{r}} \right)^\alpha \tag{6.33}$$

式中：$\sigma_{r\phi}$ 为爆炸波的最大径向应力；$\sigma_{\theta\phi}$ 为爆炸波的最大切向应力；$\Delta P_D = \frac{\rho_w D^2}{k+1}$，为炸药爆炸的爆炸波压力，$\rho_w$ 为炸药密度，D 为炸药爆炸波速度，k 为爆轰产物的等熵指数（当 $\rho_w > 1.2\ \mathrm{g/cm^3}$ 时，$k=3$；当 $\rho_w < 1.2\ \mathrm{g/cm^3}$ 时，$k=2.1$）；α 为与岩石和炸药性质有关的常数，$\alpha \approx 1 \sim 2$，对于大多数岩石取 $\alpha \approx 1.5$。

一个在炮孔底部引爆的延长药包，其爆炸波阵面和爆炸波的相应位置如图6.7所示。

在平面 AA' 以下，波阵面呈球面状，在平面 AA' 以上，波阵面呈截头圆锥状，角 α 由方程 $\tan\alpha = \frac{c'_p}{D}$ 确定。其中，c'_p 是由压力波的压力所产生的岩石的纵波速度，D 是爆炸波速度。

爆炸波沿炮孔壁行进，在壁上的作用力为 ΔP_D，这个压力只与炸药的性质有

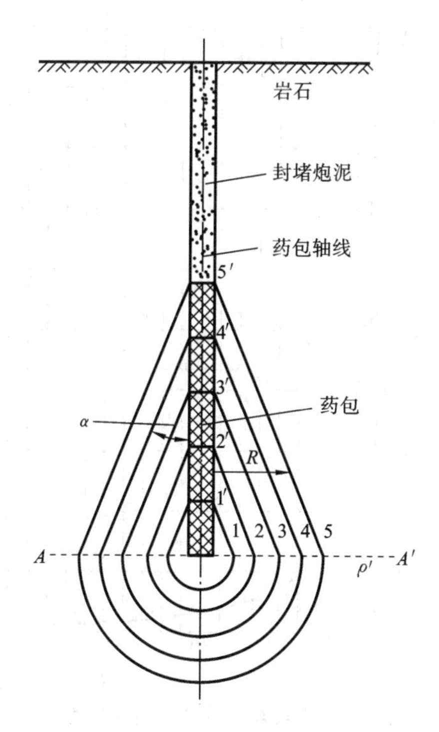

图 6.7 延长药包在岩石中的爆炸波传播示意图

关,对各种类型的岩石都是一样的。

然而当药包中传播的爆炸波撞击到堵塞的泥土时,情况就不同了。爆炸波垂直冲击泥土下端的水平表面(对于集中药包,即球形药包,从药包中心传播出来的爆炸波也垂直冲击药室表面),这时,作用在与药包接触的泥土(或岩石)上的初始超压近似为

$$\Delta P_{\phi}=\Delta P_{\mathrm{H}}=k\Delta P_{\mathrm{D}} \tag{6.34}$$

式中:k 为药包/土界面的通行系数,$k=\dfrac{2\rho_0 c'_p}{\rho_0 c'_p+\rho_{\mathrm{w}}D}$;$c'_p$ 为由压力波的压力所产生的岩石的纵波速度,在药包与介质的接触处(压力较高),$c'_p\approx 2c_p$(c_p 为常压下土中纵波的速度,即土中声速),在距离药包表面$(2\sim3)R_{\mathrm{w}}$ 处,$c'_p\approx 1.25c_p$,在大于 $10R_{\mathrm{w}}$ 处,$c'_p=c_p$。

延长药包在岩石中爆炸所产生的爆炸波最大压力 ΔP_{ϕ} 与 ΔP_{D} 之比与相对距离 $\bar{r}$的关系如图 6.8 所示,用公式可近似写成

$$\frac{\Delta P_{\phi}}{\Delta P_{\mathrm{D}}}=\bar{r}^{-1.5} \tag{6.35}$$

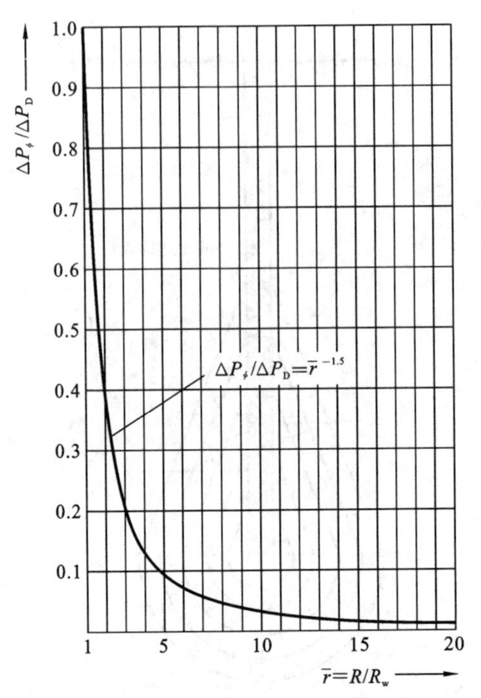

图 6.8 延长药包在岩石中爆炸后爆炸波最大压力与相对距离的关系

6.3.3 土体中爆炸波参数

在已熟知岩石中的爆炸波参数内容的基础上，本小节介绍土中爆炸时爆炸波的相关参数。

各种土体的力学性质有很大差别，如含水砂和黏土的力学性质像液体，在类似这类土体中传播的冲击波总是具有陡峭的波前。

在一般情况下，土具有固体材料的应力-应变关系：在 $\Delta P_\phi > \sigma_C$ 的情况下，土体中传播的是冲击波；如果 $\sigma_A < \Delta P_\phi < \sigma_C$，则土体中传播的是弹塑性波；如果 $\Delta P_\phi < \sigma_A$，则爆炸波已经衰减为弹性波。

当炸药在土体中爆炸时，药包附近，爆炸波的压力很高，首先从药包中传出稳定的冲击波，随着离药包距离的增加，波阵面压力逐渐下降，冲击波就转化为弹塑性波，最后在离药包较远处，超压进一步降低，弹塑性波就变成了弹性波。

土中爆炸产生一个非稳态应力场，对于集中药包，应力函数可由 $\Delta P(R,t)=\sigma_r(R,t),\sigma_\theta(R,t)$来确定。

对于延长药包，应力场可分别由 $\Delta P(R,t)=\sigma_r(R,t),\sigma_\theta(R,t),\sigma_z(R,t)$即径向应力、切向应力和延长药包轴线方向上的正应力确定。

这些函数可由最大超压 $\Delta P_\phi=\sigma_{r\phi},\sigma_{\theta\phi},\sigma_{z\phi}$，以及超压持续时间和超压上升时间

$\Delta\tau$ 来表征。

由 $\sigma_r(R,t)$、$\sigma_\theta(R,t)$、$\sigma_z(R,t)$就可以求出其他量，如 v_m(最大位移)、u_m、$\dot{u}_m$(介质质点的最大加速度)，i_{rm}、$i_{\theta m}$、i_{zm}等。还可以求出爆炸波阵面的运动速度 N_ϕ 和最大压力面的运动速度 N_m，对于冲击波有 $N_\phi = N_m$。

波阵面上参数的间断现象将于距离药包 R_s 处消失(在 R_s 处冲击波就变成了弹塑性波，在弹塑性波阵面上质点参数是连续变化的)。这个距离与土和炸药的性质、药量有关，但如果用折合距离，即 $\bar{R}_s = \dfrac{R_s}{\sqrt[3]{W}}$或相对距离 $\bar{r}_s = \dfrac{R_s}{R_w}$表示，则 $\bar{R}_s$ 和 $\bar{r}_s$ 只与土的种类有关。

当具体炸药在土中爆炸时，爆炸波参数与传播距离、土体性质、炸药性质等的关系可以参考相应文献。

6.4　土石方工程

6.4.1　土石方工程的分类

土石方工程是爆破应用的一个重要方面，实际工程中最常见的土石方工程就是土建工程和采矿。

土建包括用爆破的方法开挖各种渠道、修筑公路铁路路堑、修筑水坝、开挖隧道、码头和河道石方爆破等，在这些工程中使用爆破的方法，只要设计合理，往往可以起到事半功倍的效果。

采矿爆破是矿石开采的一个非常重要的方法，目前除了煤矿因材质较软，可以采用水压采煤外，大部分金属、非金属矿都采用爆破的方法来开采矿石。采矿爆破，根据矿藏分布可分为地下开采和露天开采两种，爆破方法有巷道掘进、露天爆破、表面剥离等。

另外，在农业和林业方面也有一些应用爆破的土石方工程，像在山上种树时，用爆破方法挖树坑、清除树根，用爆破方法修筑梯田、修筑灌溉渠道等。

为了规划土石方工程、进行正确的爆破设计，就要掌握土石方爆破的一些基本理论。

6.4.2　爆破效应的分类

一个药包爆炸时，其产生的爆炸效应，随着药包与地表的位置变化而变化，如图 6.9 所示。

在地表爆炸，其下方介质被压实而形成一个浅坑，大部分爆炸能飞散到空气中。

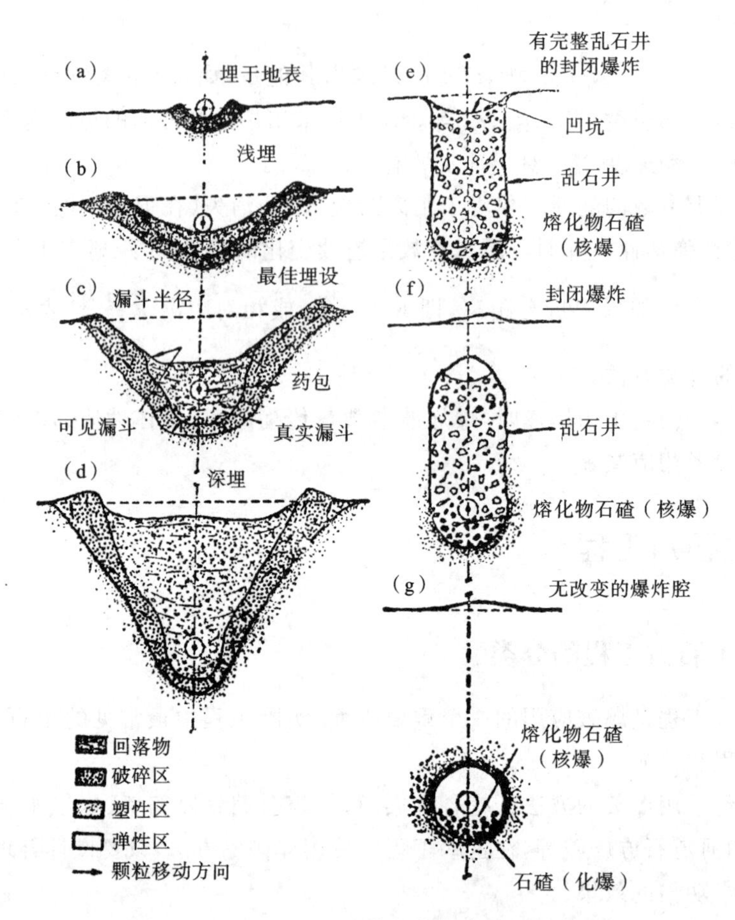

图 6.9　不同埋设深度药包的爆破效果示意图

药包埋深较浅时，有两种效应共同影响从而形成爆破漏斗：药包下方的介质被压实，药包上方的介质被抛散。

随着埋深的增加，爆破漏斗的可见尺寸也逐渐增加，当药包埋深增加到一定值时，爆破漏斗的体积达到最大值。当埋深再增加时，介质材料只被抛到一个很小的高度，且大部分又落回坑内，爆破漏斗尺寸变小。

如果埋深进一步增加，爆炸效应继续变化，爆破漏斗消失，形成所谓的乱石井。

当埋深很深时，爆炸波到达地面，反射波非常弱，对爆炸作用没有什么影响，这时就可能在药包周围形成一个圆形爆腔。需要从理论上讨论爆腔形成的规律。

6.4.3　爆腔

封闭爆炸以后，在土中或岩石中会留下一个充满一定压力与温度的爆炸气体空腔，这个空腔就称为“爆腔”。

从爆腔一开始膨胀起，气体就渗入周围岩土的空隙中，挤出了水分，在爆腔周围形成一个干燥区。随着时间的推移，爆炸气体不断渗入岩土中的空隙与裂缝，爆腔壁滑落，土体变形。在含水砂土中，爆腔的变形要持续几天或几个星期，在非饱和水的黏土或岩石中，爆腔能保持几年甚至十几年，在非饱和砂土中，爆炸后爆腔立即变形。

爆腔的形状取决于药包的形状，爆腔的大小与炸药量和岩土性质有关，岩土的抗压强度、密度、颗粒组成、孔隙率等都对爆腔的大小有影响。

爆腔的尺寸可由经验公式或所谓的理论公式来确定。首先介绍如何应用半经验公式来计算爆腔的尺寸。

1. 半经验公式

对于集中药包爆炸产生的爆腔：

$$\begin{cases} R_{vd}=k_{vd}R_w \\ R_{vd}=k_{vd}^{*}\sqrt[3]{W} \end{cases} \tag{6.36}$$

式中：R_{vd}为爆腔半径；R_w 为药包半径；k_{vd}、k_{vd}^{*}为比例系数（见表 6.5）；W 为药包质量。

表 6.5　硝铵炸药的比例系数 k_{vd}、k_{vd}^{*}的近似值

岩　土	k_{vd}	k_{vd}^{*}
湿砂、饱和黏土	11.3～13.1	0.6～0.7
侏罗纪黑黏土	8.6～9.9	0.45～0.52
棕黄色耐火土	7.0～7.6	0.37～0.4
暗红色耐火土	6.5～7.4	0.34～0.39
软质、粉碎泥灰岩、黄土	6.6～7.7	0.35～0.4
软质、破碎泥灰岩、黄土	5.4～6.5	0.29～0.34
暗蓝色脆性黏土	5.4～6.2	0.29～0.33
重砂质黏土	4.8～6.7	0.25～0.36
层状石灰岩	3.8～4.7	0.20～0.25
中等强度泥灰岩、泥质白云岩、裂隙较发育的软质石灰岩	2.4～4.4	0.13～0.21
致密细粒石膏、黏土质页岩、裂隙严重的花岗岩、中等强度的磷灰岩、硅酸盐、有中等裂隙的石灰岩	1.7～2.9	0.09～0.15
中等裂隙花岗岩、致密铁色石英岩、致密灰色石英岩、磷灰岩、致密石灰岩、砂岩、白云岩	1.5～2.5	0.078～0.13
黑硅石、大理岩、花岗岩、层状石英岩、坚实石灰岩、坚实磷灰岩、坚实白云岩等	1.1～2.0	0.058～0.11

在延长药包情况下，爆腔为圆柱形（端部区除外），有

$$\begin{cases} R_{vd}=\bar{k}_{vd}R_w \\ R_{vd}=\bar{k}_{vd}^{*}\sqrt[3]{W} \end{cases} \tag{6.37}$$

对于砂质黏土，$\bar{k}_{vd}\approx 28.3$，$\bar{k}_{vd}^{*}\approx 0.4$；对于砂土，$\bar{k}_{vd}\approx 24.8$，$\bar{k}_{vd}^{*}\approx 0.35$；对于骨架密度 $\rho_s=1.57\ g/cm^3$、含水量 30%～33%的土壤，有 $R_{vd}=27R_w$；对于骨架密度 $\rho_s=1.4\sim1.6\ g/cm^3$、含水量 4%～35%的土壤，有 $R_{vd}=0.23\sqrt{W_c}$；在含水土中，爆腔周围干燥区半径 R_{vys} 为 $R_{vys}=(1.2\sim1.3)R_{vd}$。

2. 准静态理论

作为一级近似，将含水土看作流体，爆炸气体也不渗入孔隙，那么炸药爆炸后，经过几次脉动，爆炸气体就平衡下来，它在绝热过程中占有一定的体积，体积的大小只与周围介质的压力有关：

$$p=p_{atm}+\gamma_0\omega \tag{6.38}$$

式中：p 为爆腔内稳定下来的爆炸气体的压力；p_{atm} 为大气压；γ_0 为土壤密度；ω 为炸药埋深。

对于半坚硬岩石与坚硬岩石，在动力过程结束后，有

$$p=p_{atm}+\sigma_s+\gamma_0\omega \tag{6.39}$$

式中：σ_s 为岩石的抗压强度极限。

前面介绍过，对于瞬时爆轰，爆炸气体的平均压力变化满足绝热方程：

$$\frac{P_{vp}}{P^*}=\left(\frac{V^*}{V_{vp}}\right)^k,\quad P_{vp}\geqslant P_k \tag{6.40}$$

$$\frac{P_{vp}}{P_k}=\left(\frac{V_k}{V_{vp}}\right)^{\hat{k}},\quad P_{vp}<P_k \tag{6.41}$$

式中：$k=3$；$\hat{k}=\frac{4}{3}$；V^* 为瞬时爆轰完成瞬间，爆轰产物的体积，$V^*=V_w$，V_w 为药包体积，对于球形药包，$V^*=V_w=\frac{4}{3}\pi R_w^3$；$P^*$ 为瞬时爆轰完成瞬间，爆轰产物的平均爆轰压，$P^*=\frac{1}{2}P_D$，P_D 为炸药的爆轰压力，$P_D=\frac{1}{k+1}\rho_w D^2$；$P_{vp}$、$V_{vp}$ 分别为爆轰产物膨胀过程中的压力及体积；P_k 为转换压力，对于梯恩梯，$P_k=2800\ kg/cm^2$。

对于集中装药，有

$$\frac{P_{vp}}{P^*}=\left(\frac{V^*}{V_{vp}}\right)^3=\left(\frac{R_w}{R_{vp}}\right)^9 \tag{6.42}$$

其中，$P_{vp}=\frac{\rho_w D^2}{8}\left(\frac{R_w}{R_{vp}}\right)^9$。

当 $P_{vp}=P_k=2800$ 时，有 $R_k=\left(\dfrac{\rho_w D^2}{22.4\times10^3}\right)^{\frac{1}{9}}R_w$，当爆腔进一步增大时，则 $P_{vp}=2800\left(\dfrac{R_k}{R_{vp}}\right)^4$。

当 $P_{vp}=p$，即 $R_{vp}=R_{vd}$时，爆腔停止膨胀，应用上述关系式得

$$R_{vd}=2.9\rho_w^{\frac{1}{9}}D^{\frac{2}{9}}\frac{R_w}{(p_{atm}+\sigma_s+\gamma_0\omega)^{\frac{1}{4}}} \tag{6.43}$$

对于延长装药，有

$$\frac{P_{vp}}{P^*}=\left(\frac{V^*}{V_{vp}}\right)^3=\left(\frac{R_w}{R_{vp}}\right)^6 \tag{6.44}$$

其中，$P_{vp}=\dfrac{\rho_w D^2}{8}\left(\dfrac{R_w}{R_{vp}}\right)^6$。

当 $P_{vp}=P_k=2800$ 时，有 $R_k=\left(\dfrac{\rho_w D^2}{22.4\times10^3}\right)^{\frac{1}{6}}R_w$，当爆腔进一步增大时，$P_{vp}=2800\left(\dfrac{R_k}{R_{vp}}\right)^{\frac{8}{3}}$。

当 $P_{vp}=p$，即 $R_{vp}=R_{vd}$时，爆腔停止膨胀，此时有

$$R_{vd}=4.93\rho_w^{\frac{1}{6}}D^{\frac{1}{3}}\frac{R_w}{(p_{atm}+\sigma_s+\gamma_0\omega)^{\frac{3}{8}}} \tag{6.45}$$

这是利用准静态理论计算的爆腔半径，当然还可以利用爆炸参数和爆炸的动力学理论来计算爆腔半径，其计算过程见有关文献。

6.4.4　爆破漏斗

1. 爆破漏斗的形成过程

在熟悉爆破漏斗内容的基础上，下面进一步从应力波的角度来分析讨论爆破漏斗的形成原理。

将炸药埋在地表以下一定深度处，只要埋深不是太深，炸药爆炸后，就会形成一个漏斗状的坑，也就是爆破漏斗。从应力波的角度分析，爆破漏斗的形成过程可分为下面几个阶段：

(1) 炸药爆炸以后，由于爆炸波的高温、高压作用，在介质中产生一个从药包向外传播的爆炸波。在爆炸波传播到自由表面之前，在爆炸波作用下，与本章开始介绍的内容一样，对于岩石或固结土，会产生破碎区、破裂区和弹性区，对黏性土会产生破碎区、弹塑性区和弹性区。

(2) 当球面波传播到自由表面后，会在自由表面上反射一个向药包中心传播的拉伸波，这个稀疏波具有一个虚拟中心 O'。当爆炸波传到自由表面以后，自由

表面就向上运动。

(3) 向中心传播的稀疏波传播到爆腔表面时，在爆腔表面会产生反射，反射波为压缩波，此压缩波向自由表面传播，与原来的冲击波和稀疏波叠加，发生相互作用，同时爆腔产生变形，即爆腔向上扩张，但腔内仍有爆炸气体。

(4) 从爆腔表面反射的压缩波运动到自由表面反射为进一步的稀疏波，传向爆腔，在爆腔表面又反射为压缩波向自由表面传播，如此反复进行，但反射波的强度很快衰减，在这个波动过程中，药包上部的岩土在波和爆炸气体的作用下不断向上和两边运动，腔体继续扩张直至达到最大值。当表面裂缝与爆腔贯穿时，爆炸气体开始从爆腔逸出。

(5) 抛出的岩土在达到最高点后回落，形成可见的爆破漏斗。

爆破漏斗的形成过程如图 6.10 所示。

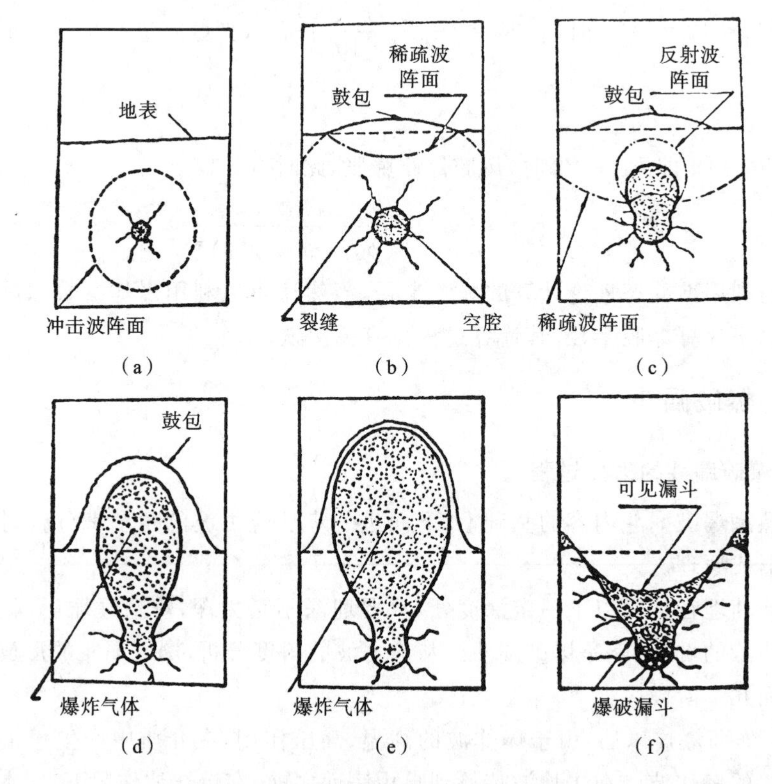

图 6.10　形成爆破漏斗的各个阶段

在爆破漏斗的形成过程中，有一个很重要的指标：

$$n=\frac{r_k}{\omega} \tag{6.46}$$

式中：n 为爆破作用指数；r_k 为爆破漏斗半径；ω 为药包埋深。

在爆破工程中，常用 n 值的大小来划定爆破类型。

当 $n=1$ 时，形成的漏斗称为标准爆破漏斗，爆破类型为标准抛掷爆破。

当 $n>1$ 时爆破类型为抛掷爆破。$n=1.5\sim2.5$ 时为加强抛掷爆破；$n>3$ 时为扬弃爆破。

当 $n<1$ 时爆破类型为松动爆破。$n=0.75\sim1.0$ 时为加强松动爆破；$n<0.75$ 时为减弱松动爆破。

爆破飞石距离 R 的计算公式为

$$R=20n^2\omega k_f \tag{6.47}$$

式中：k_f 为安全系数，一般 $k_f=1\sim1.5$，风大时，顺风取 $k_f=1.5$，山坡下方取 $k_f=1.5\sim2.0$。

2. 爆破漏斗装药量的经验半经验计算公式

多年来人们通过大量的工程实践，得到了很多计算爆破漏斗装药量的经验半经验计算公式，主要如下：

$$W=k_3\omega^3 \tag{6.48}$$

$$W=k_2\omega^2+k_3\omega^3 \tag{6.49}$$

$$W=k_2\omega^2+k_3\omega^3+k_4\omega^4 \tag{6.50}$$

$$W=k_3\omega^3+k_4\omega^4 \tag{6.51}$$

$$W=k_3(0.4+0.6n^3)\omega^3 \tag{6.52}$$

$$W=k_3(0.4+0.6n^3)\omega^3\sqrt{\frac{\omega}{20}} \tag{6.53}$$

$$W=k_3(0.4+0.6n^3)\omega^3\sqrt{\omega} \tag{6.54}$$

$$W=k_3\omega^3[(1+n^2)/2]^{9/4} \tag{6.55}$$

$$W=k_3\omega^3[2(4+3n^2)^2/(97+n)] \tag{6.56}$$

这些公式中，W 为装药量；n 为爆破作用指数；k_2、k_3、k_4 为与炸药种类和岩石性质有关的经验系数。

在对以上公式进行分析、评价之前，先来分析一下影响爆破漏斗装药量的主要因素。

(1) 对于同一类岩石中埋深 ω 相同的一系列爆破，其爆破漏斗半径将随着装药量的增加而增加，因此，爆破漏斗装药量 W 必定是爆破作用指数 n 的函数，即：$W\propto f(n)$。

(2) 对于漏斗形状相同(n 相同)、埋深不同的一系列爆破，随着药包埋深 ω 的增加，装药量 W 也要增加，即：$W\propto F(\omega)$。对于标准爆破漏斗，$n=1$，可写成 $W=$

$F_s(\omega)$。

(3) 由以上两点可知，对于 ω 和 n 不是定值的爆破，装药量将随着 ω 和 n 的变化而变化，W 的表达式应为：$W=f(n)F_s(\omega)$。当满足 $n=1$ 时，$f(n)=1$。

该公式的形式是通过上面的分析得到的，是一般关系式，与经验无关，所以，从理论上推导出的爆破漏斗的装药量计算公式也应该具有这类形式。

$F_s(\omega)$可以从理论分析上加以推导。

假定有一个标准爆破漏斗($n=1$)的锥形体，并假定不考虑重力以及抛掷体与周围介质接触面上的黏结力，那么要使具有不同埋深的抛体材料产生相同的速度和变形，所需要的爆炸能量，也就是炸药量，必须与抛掷体的质量成正比，因而与 ω^3 成正比，即：$W\sim\omega^3$。

若考虑重力的作用，则为了使抛掷体的重心在地表位置处与不计重力作用时的相同，则需要提供将抛掷体的重心从原来位置移动到地表处所需要的能量，这部分能量与物体的质量($\sim\omega^3$)和路程($\sim\omega$)的乘积成正比，即：$W\sim\omega^4$。正比于 ω^4 的值也考虑了摩擦力的作用，因为摩擦力也与质量成正比。

假若考虑抛掷体与漏斗表面间接触面上的黏结力，则需要一部分正比于漏斗表面积，即正比于 ω^2 的能量来克服黏结力，即：$W\sim\omega^2$。

对于每部分及总体能量，可写成

$$W_{kin}=k_3\omega^3 \tag{6.57}$$

$$W_{grav}=k_4\omega^4 \tag{6.58}$$

$$W_{vaz}=k_2\omega^2 \tag{6.59}$$

$$W=F_s(\omega)=k_2\omega^2+k_3\omega^3+k_4\omega^4 \tag{6.60}$$

式(6.48)至式(6.51)没有考虑漏斗形状的影响，适用于 $n=1$ 的情况。

式(6.48)没有考虑重力和黏结力的影响，适用于 1 m$\leqslant\omega\leqslant$15 m 的范围；

式(6.49)考虑了黏结力的影响，它对岩石、$\omega<2$ m 时才有意义。

式(6.50)进一步考虑了包括摩擦力在内的重力效应，它适用于 $0<\omega<\infty$ 的整个范围。

式(6.51)略去了只在 $\omega<2$ m 的岩体中才有意义的 $k_2\omega^2$ 项，它适用于 1 m$<\omega<\infty$ 范围。

式(6.52)至式(6.56)考虑了漏斗形状，即爆破作用指数的影响。式(6.52)、式(6.55)、式(6.56)只考虑了 ω^3 项的影响，所以只适用于 1 m$\leqslant\omega\leqslant$15 m 范围。

式(6.53)近似考虑了只对大的埋深有影响的重力效应，它适用于 15 m$\leqslant\omega\leqslant$25 m 的范围。

式(6.54)近似考虑了黏结力的影响，它适用于 $0<\omega\leqslant$15 m 的范围。

函数 $f(n)$ 的适用范围为

$$f(n)=0.4+0.6n^3 \quad (0.75\leqslant n\leqslant 2.5) \tag{6.61}$$

$$f(n)=[(1+n^2)/2]^{9/4} \quad (0.75\leqslant n\leqslant 2.0) \tag{6.62}$$

$$f(n)=\frac{2(4+3n^2)^2}{(97+n)} \quad (0.75\leqslant n\leqslant 3.5) \tag{6.63}$$

波克罗夫斯基从理论上推导并从实验验证了公式：

$$f(n)=[(1+n^2)/2]^2 \tag{6.64}$$

的适用范围很宽：$0.70\leqslant n\leqslant 20$。

基于以上分析，公式：

$$W=W(\omega,n)=f(n)F_s(\omega)=[(1+n^2)/2]^2(k_2\omega^2+k_3\omega^3+k_4\omega^4) \tag{6.65}$$

$$0<\omega<\infty;\quad 0.70\leqslant n\leqslant 20$$

可以认为是计算爆破漏斗装药量最精确的一个公式。

对于土壤，$k_2\omega^2$ 项可以忽略；对于岩石，当 $\omega\geqslant 2$ m 时，$k_2\omega^2$ 项也可以忽略；当 $\omega\leqslant 15$ m 时，$k_4\omega^4$ 项也可忽略。

k_3 值主要与炸药种类和岩石性质有关。不同的岩石取值不同，具体可查表。如果在埋深范围内存在不同种类的岩石，其岩石厚度为 H_1、H_2、H_3、…、H_n，其系数分别为 ${}^1k_3$、${}^2k_3$、${}^3k_3$、…、${}^nk_3$。若 $\omega=\sum_{i=1}^{n}H_i$，则可按公式 $k_3=\dfrac{\sum_{i=1}^{n}H_i\,{}^ik_3}{\sum_{i=1}^{n}H_i}$ 计算 k_3 的平均值。

对于条形药包爆破，也可推得类似公式，即可以用集中药包的爆破漏斗公式来计算条形药包的爆破漏斗参数。

在用集中药包的计算公式推导条形药包的计算公式时，对条形药包爆破进行一些假设：

(1) 对于条形药包，一般 $l>\omega$。这里，l 是条形药包长度，ω 是药包埋深。

(2) 对于药包埋深相同以及漏斗的三角形截面也相同的球形药包与圆柱形药包，其相对装药量(单位体积或质量的抛掷体所需的装药量)相同。

(3) 条形药包的爆破漏斗由一段带两个斜面的、截面为三角形的中间区域以及两个半圆锥形的端部区域所组成。

根据假设(3)，整个条形药包的 W_c 可分成长度为 l_m 的中间段 W_m 及两个长度为 $l_e=\omega/2$ 的端部段装药 W_e，并且有下列关系：

$$\frac{\pi n^2\omega^3/3}{n\omega^2 l_m}=\frac{\omega}{l-\omega} \tag{6.66}$$

所以，$l_m=\frac{\pi n(l-\omega)}{3}$，其中 $n=\frac{r_k}{\omega}$。

当 $l=\omega$ 时，$l_m=0$，对应集中药包的锥形漏斗。集中药包的单位装药量为 $q_s=\frac{W_s}{V_s}$，其中，W_s 为集中药包装药量，V_s 为集中药包爆破时的锥形爆破漏斗体积，$V_s=\frac{\pi r_k^2\omega}{3}=\frac{\pi n^2\omega^3}{3}$。

而对于条形药包，有

$$q_c=\frac{W_c}{V_c} \tag{6.67}$$

式中：W_c 为条形药包装药量；V_c 为条形药包爆破时的爆破漏斗体积，$V_c=\frac{\pi r_k^2\omega}{3}+n\omega^2 l_m=\frac{\pi r_k^2\omega}{3}+n\omega^2\,\frac{\pi n(l-\omega)}{3}=\frac{\pi n^2\omega^2 l}{3}$。

所以，有

$$W_c=\frac{W_s V_c}{V_s}=W_s\cdot\frac{\frac{\pi n^2\omega^2 l}{3}}{\frac{\pi n^2\omega^3}{3}}=W_s\cdot\frac{l}{\omega}$$

将集中药包的装药量计算公式代入上式，得到条形药包爆破时单位长度装药量：

$$W_c=[(1+n^2)/2]^2(k_2\omega+k_3\omega^2+k_4\omega^3) \tag{6.68}$$

6.4.5　爆破破碎分区

1. 传统岩石钻孔爆破破坏分区

炸药爆炸后，从炮孔由里往外岩石依次承受剧烈的爆炸冲击波、应力波和地震波作用，岩石介质的连续性发生改变，呈现出不同的破碎和损伤状态。炮孔壁在向外扩展一定距离后逐渐稳定下来，最终形成膨胀空腔。根据周围岩石的破坏程度，炮孔周围的岩石可以划分为不同的区域，长期以来，许多学者和工程师都对岩石在炸药作用下的破坏范围进行了深入研究（戴俊，2002；王明洋，等，2005；钱七虎，2009），不同的学者对破坏分区的定义各不相同。现有的计算模型通常把爆破作用的最终影响范围划分为粉碎区、径向开裂区和弹性变形区三部分，如图 6.11 所示。

大量的研究资料表明，炸药破碎岩石的能量仅占炸药总能量的 20%～30%。Melnikov(1962)指出在传统装药结构的爆破中，有不少于 50%的爆破破碎能量浪费在粉碎区和径向开裂区内侧部分的过度破碎上，而且极度粉碎的岩石很容易堵

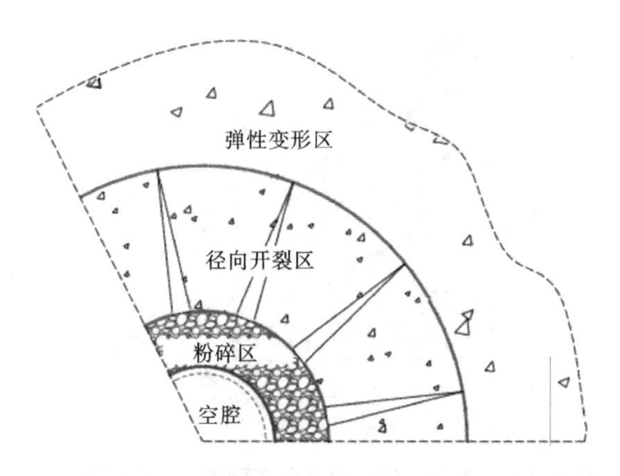

图 6.11　传统岩石钻孔爆破破坏分区示意图

塞破裂区形成的裂纹通道，阻碍爆炸气体向裂纹中的进一步扩散，影响了气体的“气楔”作用(朱红兵，等，2007)，缩小岩石的破坏范围。同时，在粉碎区内比表面积大的颗粒会吸收爆生气体的大量热能，降低了炸药能量的有效利用率。因此，如何控制岩石的爆破粉碎区范围对于提高炸药能量的有效利用率、降低炸药单耗和工程成本具有重要意义。

目前各粉碎区模型的计算结果差异很大，主要模型有以下几种。Szuladzinski(1993)模型假设炮孔周围的岩石为弹性体，同时假定了炸药作用在岩石上的有效能量比例，不能反映装药结构对粉碎区范围的影响。Djordjevic(1999)基于Griffith 强度准则的计算模型只适用于脆性岩石。Il'yushin(Il'yushin，1971；Hustrulid，1999)基于 Mohr-Coulomb 准则的计算模型认为粉碎区岩石仍具有黏聚力，但是 Vovk(1973)在石灰岩和混凝土中的爆破试验结果表明，Il'yushin 模型的结果偏大。另外在 Il'yushin 公式的推导过程中，将爆腔膨胀过程中的气体绝热指数取为常数，因此该公式不适用于不耦合系数较大的情况，从而使公式具有很大的局限性。Kanchibotla(1999)和 Esen(2003)基于工程经验和试验统计的计算公式简单，但是结果离散性较大。由于炮孔空腔的膨胀，作用在炮孔上的压力会降低(Hagan，Gibson，1988)，上述模型除 Il'yushin 模型外均未考虑炮孔空腔膨胀对炮孔压力的影响。

张志呈(2000)通过弹性波法辅以宏观调查来确定不同爆破方法下岩体自由场破坏分区外边界尺寸范围。和已有的大量破坏分区模型不同，宏观调查显示，爆破破坏存在四个破坏特性差异明显的分区，即径向开裂区又细分为破裂区和裂隙区。Zhang(2016)在 PMMA 板中的爆破模型试验也显示，爆破破坏存在四个破坏特性差异明显的分区(见图 6.12)。

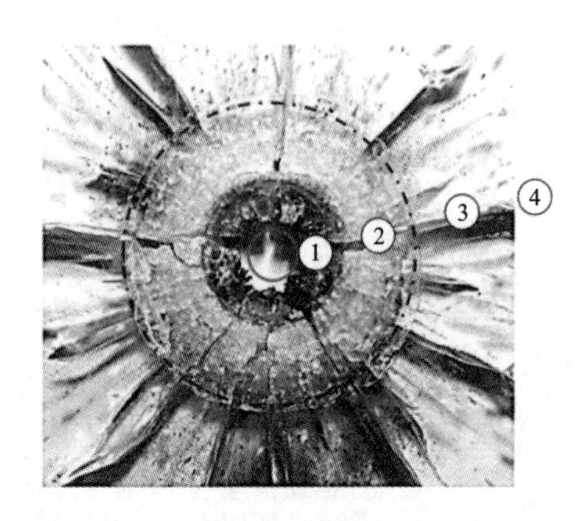

图 6.12　PMMA 板材的模型实验中的爆破破坏分区

2. 改进的岩石钻孔爆破破坏分区模型

现有的模型(Il'yushin，1971；Szuladzinski，1993；钱七虎，2009)认为粉碎区和弹性区之间的整个区域被径向裂纹完全破坏，因而岩石只能传递径向应力，没有环向承载力，即 $\sigma_\theta=0$，从而简化了物理过程。然而在实际过程中，开裂区是连接粉碎区和弹性区的约束，不可能造成径向的完全破坏，特别是开裂区内侧部分的岩石受到极大的径向压应力，由于泊松效应，其必然会受到周围岩石的约束，因此环向压应力作用明显，不能忽略其作用。综上，可以把开裂区划分为两个部分：内侧部分(破裂Ⅰ区)的介质为剪切破坏，需要考虑环向应力的影响，即 $\sigma_\theta\neq0$；外侧部分(破裂Ⅱ区)的介质受到径向裂缝破坏，丧失了环向承载力，即 $\sigma_\theta=0$。同时认为粉碎区为丧失了黏聚力，但仍然具有内摩擦力的散体介质，因此，改进模型能更好地反映炮孔周围岩石的实际破坏情况。

图 6.13 为改进模型中的钻孔爆破破坏分区示意图，在该四分区模型中，各破坏分区的边界定义如下。

粉碎区：$a(t)\leqslant r\leqslant b_*(t)$。

破裂Ⅰ区：$b_*(t)\leqslant r\leqslant b_{\mathrm{I}}(t)$。

破裂Ⅱ区：$b_{\mathrm{I}}(t)\leqslant r\leqslant b_{\mathrm{II}}(t)$。

弹性变形区：$b_{\mathrm{II}}(t)\leqslant r\leqslant\infty$。

以上各式中：$a(t)$为膨胀空腔的半径；$b_*(t)$为粉碎区的半径；$b_{\mathrm{I}}(t)$为破裂Ⅰ区半径；$b_{\mathrm{II}}(t)$为破裂Ⅱ区的半径。

问题可以简化为在岩石介质中有一无限长的圆柱形空腔，内部受到一个沿轴向均布的爆炸载荷的作用，作如下假设：① 圆柱形空腔沿轴向无限延伸，可将问题视为轴对称平面应变问题；② 粉碎区岩石为各向同性、不可压缩且丧失黏聚力的

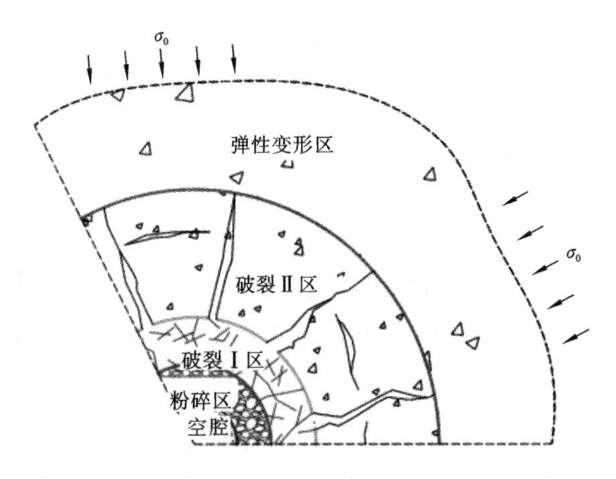

图 6.13　改进模型的岩石钻孔爆破破坏分区示意图

散体介质，但是颗粒之间仍然具有内摩擦力；③ 爆生气体的膨胀过程为绝热膨胀，忽略进入岩石裂隙的爆生气体的体积。

1）弹性变形区

利用柱坐标系描述问题，在弹性区的应力分布为

$$\begin{cases}\sigma_r=\sigma_0\left[1-\left(\dfrac{b_{\mathrm{II}}}{r}\right)^2\right]+\sigma_{r=b_{\mathrm{II}}}\left(\dfrac{b_{\mathrm{II}}}{r}\right)^2\\ \sigma_\theta=\sigma_0\left[1-\left(\dfrac{b_{\mathrm{II}}}{r}\right)^2\right]+\sigma_{r=b_{\mathrm{II}}}\left(\dfrac{b_{\mathrm{II}}}{r}\right)^2\end{cases} \tag{6.69}$$

式中：$\sigma_{r=b_{\mathrm{II}}}$ 为弹性区的内边界（$r=b_{\mathrm{II}}$）处的径向应力；σ_0 为岩石初始应力。

在弹性变形区和破裂Ⅱ区的交界面上，环向应力达到岩石的抗拉强度，即 $\sigma_\theta=-[\sigma_t]$，故由式(6.69)得 $\sigma_{r=b_{\mathrm{II}}}=[\sigma_t]+2\sigma_0$。

弹性区的位移为

$$u=\frac{1+\nu}{E}\frac{b_{\mathrm{II}}^2}{r}([\sigma_t]+\sigma_0) \tag{6.70}$$

2）破裂Ⅱ区

破裂Ⅱ区的特征是介质受到裂缝破坏，丧失了环向承载力，但是径向仍为弹性的，类似于径向柱杆，其主要把破裂Ⅰ区传来的压力过渡到弹性区介质中去。破裂Ⅱ区满足 $\sigma_\theta=0$，平衡微分方程可以简化为

$$\frac{\mathrm{d}\sigma_r}{\mathrm{d}r}+\frac{\sigma_r}{r}=0 \tag{6.71}$$

在破裂Ⅱ区外边界上有 $\sigma_r=[\sigma_t]+2\sigma_0$，由此得到破裂Ⅱ区的径向应力为

$$\sigma_r=\frac{([\sigma_t]+2\sigma_0)b_{\mathrm{II}}}{r} \tag{6.72}$$

由式(6.70)知当 $r=b_{\mathrm{II}}$ 时，$u_0(t)=\dfrac{1+\nu}{E}b_{\mathrm{II}}([\sigma_t]+\sigma_0)$，则破裂Ⅱ区内边界 $r=b_{\mathrm{I}}$ 处的位移为

$$u_{b_{\mathrm{I}}}(t)=\frac{1+\nu}{E}b_{\mathrm{I}}[\sigma_c]\left(\frac{[\sigma_t]+2\sigma_0}{[\sigma_t]+\sigma_0}-(1-\nu)\ln\frac{[\sigma_t]+2\sigma_0}{[\sigma_c]}\right) \tag{6.73}$$

3）破裂Ⅰ区

破裂Ⅰ区为塑性破坏区，在破裂Ⅰ区会产生大量裂缝，导致介质体积的膨胀，因此需要考虑该区域岩石的剪胀作用。采用非关联流动法则来描述破裂Ⅰ区岩石的剪胀特性：

$$h\varepsilon_r^p+\varepsilon_\theta^p=0 \tag{6.74}$$

式中：h 为破裂Ⅰ区岩石的剪胀率。剪胀率描述了岩石破坏后体积膨胀的性质，它主要用来控制爆破破碎的补偿空间。软岩的剪胀率一般在 1.20～1.30，中硬岩的为 1.30～1.50，硬岩的为 1.50～2.50。

可以求得破裂Ⅰ区的位移为

$$u(t)=\frac{1+\nu}{E}[\sigma_c]\left[\frac{(1-h)(1-\nu)}{1+h}r+b_{\mathrm{I}}^{1+1/h}Lr^{-1/h}\right] \tag{6.75}$$

为了表述简便，记 $L=\dfrac{[\sigma_t]+2\sigma_0}{[\sigma_t]+\sigma_0}-\dfrac{1-h}{1+h}(1-\nu)-(1-\nu)\ln\dfrac{[\sigma_t]+2\sigma_0}{[\sigma_c]}$。

把 Mohr-Coulomb 准则代入平衡微分方程可得破裂Ⅰ区径向应力的分布

$$\sigma_r=\frac{1+\sin\phi}{2\sin\phi}[\sigma_c]\left(\frac{b_{\mathrm{I}}}{r}\right)^{\frac{2\sin\phi}{1+\sin\phi}}-\frac{1-\sin\phi}{2\sin\phi}[\sigma_c] \tag{6.76}$$

4）粉碎区

在高温高压的爆炸气体的作用下，装药附近的岩石受到强烈的压缩剪切作用，结构被完全破坏，形成紧挨着空腔壁的粉末化区域。该区域的岩石可以视为各向同性、不可压缩并且没有黏聚力的散体介质，但是破碎颗粒之间仍然具有内摩擦力。在粉碎区采用没有黏聚力的 Mohr-Coulomb 准则：

$$\frac{1}{2}(\sigma_\theta-\sigma_r)=-\frac{1}{2}(\sigma_r+\sigma_\theta)\sin\phi \tag{6.77}$$

在粉碎区外边界满足 $\sigma_r=\sigma_s$，σ_s 为多向应力条件下的岩体动抗压强度(Rakishev，Rakisheva，2011)，$\sigma_s=[\sigma_c]\left(\dfrac{\rho_m c_p^2}{\sigma_c}\right)^{\frac{1}{4}}$，$\rho_m$ 为岩石密度，c_p 是岩石介质中的纵波速度。将式(6.77)代入平衡微分方程中可解得粉碎区的径向应力：

$$\sigma_r=\sigma_s\left(\frac{b_*}{r}\right)^{\frac{2\sin\phi}{1+\sin\phi}} \tag{6.78}$$

界面上的径向应力的连续性条件为

$$b_{\mathrm{I}}=\xi b_{*}$$

其中，ξ 为比例系数，$\xi^{\frac{2\sin\phi}{1+\sin\phi}}=\dfrac{2\sigma_{s}\sin\phi+[\sigma_{c}](1-\sin\phi)}{[\sigma_{c}](1+\sin\phi)}$。

破裂Ⅱ区的半径与粉碎区的关系可以表示为

$$b_{\mathrm{II}}=\frac{[\sigma_{c}]}{[\sigma_{t}]+2\sigma_{0}}\xi\cdot b_{*} \tag{6.79}$$

由粉碎区的不可压缩条件，解得粉碎区的位移为

$$u(t)=\left(\xi^{1+1/h}L+\frac{1-h}{1+h}\right)\frac{1+\nu}{E}[\sigma_{c}]b_{*}^{2}r^{-1} \tag{6.80}$$

$u(t)$ 对 $b_{*}(t)$ 求导得

$$\frac{\partial u}{\partial b_{*}}=2\left(\xi^{1+1/h}L+\frac{1-h}{1+h}\right)\frac{1+\nu}{E}[\sigma_{c}]\frac{b_{*}}{r} \tag{6.81}$$

当 $\left|\dfrac{\partial u}{\partial r}\right|\ll 1$ 时，式 $v(r)=\dfrac{\mathrm{d}u}{\mathrm{d}t}\approx\dfrac{\partial u}{\partial t}=\left(\dfrac{\partial u}{\partial b_{*}}\right)\dfrac{\mathrm{d}b_{*}}{\mathrm{d}t}$ 成立，$v(r)$ 为粉碎区内某一点的质点速度。

则在膨胀空腔的壁面（$r=a(t)$）上有

$$a\mathrm{d}a=2\,\frac{1+\nu}{E}\left(\xi^{1+1/h}L+\frac{1-h}{1+h}\right)[\sigma_{c}]b_{*}\,\mathrm{d}b_{*} \tag{6.82}$$

在初始时刻 $t=0$ 时，粉碎区从膨胀空腔壁面开始产生，此时有 $a=b_{*}=r_{b}$。

对方程(6.82)两边积分，整理得

$$a_{m}^{2}=2\,\frac{1+\nu}{E}\left(\xi^{1+1/h}L+\frac{1-h}{1+h}\right)[\sigma_{c}]b_{*m}^{2}+\left\{1-2\,\frac{1+v}{E}\left(\xi^{1+1/h}L+\frac{1-h}{1+h}\right)[\sigma_{c}]\right\}r_{b}^{2} \tag{6.83}$$

式中：b_{*m} 为粉碎区的最大半径；a_{m} 为膨胀空腔的最大半径。

令 $K=2\,\dfrac{1+\nu}{E}\left(\xi^{1+1/h}L+\dfrac{1-h}{1+h}\right)[\sigma_{c}]$，式(6.83)可以简化成

$$\frac{b_{*m}}{a_{m}}=\sqrt{1/K+(1-1/K)\left(\frac{a_{m}}{r_{b}}\right)^{-2}} \tag{6.84}$$

在膨胀空腔的后续扩展中，炮孔压力可以由两阶段的 Jones-Miller 绝热方程来确定（Henrych，Abrahamson，1979）：

$$P_{m}=\begin{cases}P_{b}\left(\dfrac{a_{m}}{r_{b}}\right)^{-2\gamma_{1}} & (a_{m}\leqslant r_{k})\\[2ex] P_{b}\left(\dfrac{a_{m}}{r_{b}}\right)^{-2\gamma_{2}}\left(\dfrac{r_{b}}{r_{k}}\right)^{2(\gamma_{1}-\gamma_{2})} & (a_{m}>r_{k})\end{cases} \tag{6.85}$$

式中：P_{b} 为作用在炮孔壁上的初始压力；P_{m} 为膨胀空腔半径达到最大时作用在孔壁上的压力；两个阶段的绝热指数分别取 $\gamma_{1}=3$，$\gamma_{2}=1.27$；r_{k} 为与临界爆腔压力

P_k 对应的临界爆腔半径，$r_k=r_b(P_b/P_k)^{1/(2\gamma_1)}$。

临界爆腔压力 P_k 可以由下式计算(Henrych,Abrahamson,1979)：

$$P_k=\rho_0 D^2(\gamma_1+1)^{\frac{\gamma_1+1}{\gamma_1-1}}\left\{\frac{\gamma_2-1}{\gamma_1}\left[\frac{Q_v}{D^2}-\frac{1}{2(\gamma_1^2-1)}\right]\right\}^{\frac{\gamma_1}{\gamma_1-1}} \tag{6.86}$$

式中：ρ_0 是炸药密度；D 是爆轰速度；Q_v 是炸药爆热。

在 $r=a_m$ 处，有 $\sigma_r=P_m$，即

$$P_m=\sigma_s\left(\frac{b_{*m}}{a_m}\right)^{\frac{2\sin\phi}{1+\sin\phi}} \tag{6.87}$$

联立式(6.83)至式(6.86)得

$$\begin{cases}\sigma_s\left[1/K+(1-1/K)\left(\dfrac{a_m}{r_b}\right)^{-2}\right]^{\frac{\sin\phi}{1+\sin\phi}}=P_b\left(\dfrac{a_m}{r_b}\right)^{-2\gamma_1} & (a_m\leqslant r_k)\\ \sigma_s\left[1/K+(1-1/K)\left(\dfrac{a_m}{r_b}\right)^{-2}\right]^{\frac{\sin\phi}{1+\sin\phi}}=P_b\left(\dfrac{a_m}{r_b}\right)^{-2\gamma_2}\left(\dfrac{r_b}{r_k}\right)^{2(\gamma_1-\gamma_2)} & (a_m>r_k)\end{cases} \tag{6.88}$$

由式(6.88)即可求得最大膨胀空腔半径与炮孔半径的比值(a_m/r_b)，代入式(6.84)可求得粉碎区的范围(b_{*m}/r_b)。

对于空腔膨胀比较明显的情况，$(1-1/K)\left(\dfrac{a_m}{r_b}\right)^{-2}\approx 0$，则式(6.84)可以简化为

$$b_{*m}=a_m K^{-1/2} \tag{6.89}$$

由以上各式可得柱状装药起爆条件下的粉碎区半径公式：

$$b_{*m}=\begin{cases}r_b\left(\dfrac{P_b}{\sigma_s}K^{\frac{\sin\phi}{1+\sin\phi}}\right)^{\frac{1}{2\gamma_1}}K^{-1/2} & (a_m\leqslant r_k)\\ r_b\left(\dfrac{P_b}{\sigma_s}K^{\frac{\sin\phi}{1+\sin\phi}}\right)^{\frac{1}{2\gamma_2}}\left(\dfrac{r_b}{r_k}\right)^{\frac{r_1-r_2}{r_2}}K^{-1/2} & (a_m>r_k)\end{cases} \tag{6.90}$$

由公式可以看出，粉碎区半径主要受以下因素的影响：① 岩石特性，包括动抗压强度[σ_c]、动抗拉强度[σ_t]、弹性模量 E、泊松比 ν、剪胀率 h 和初始应力 σ_0 等；② 炮孔压力 P_b，炮孔压力 P_b 又与炸药的密度 ρ_0、爆轰速度 D 以及装药结构有关；③ 炮孔半径 r_b。

对于不耦合装药和空气间隔装药，公式中的炮孔压力 P_b 可以统一由以下公式计算(Nie,1999;See,等,1990)：

$$P_b=\frac{\rho_e D_e^2}{2(1+\gamma)}(\kappa_1\sqrt{\kappa_2})^{-\alpha} \tag{6.91}$$

式中：γ 为等熵指数；ρ_e 为炸药密度；D_e 为炸药爆速；κ_1 为径向耦合装药系数，$\kappa_1=$

d_b/d_e，κ_2 为轴向耦合装药系数，$\kappa_2=(l_b+l_e)/l_e$；α 为常数，其取值对计算结果的影响非常大，根据 Powder(1987)和 Nie 等(1999)的研究，取 $\alpha=2.0\sim2.6$，Esen 等(2003)和 Workman 等(1992)认为 α 取 2.0 比较符合实际。本文计算中取 2.0。

6.5　不耦合装药爆炸理论

6.5.1　径向不耦合装药

装药在炮孔(眼)内的安置方式称为装药结构，它是影响爆破效果的重要因素。最常采用的装药结构形式有以下几种。

(1) 耦合装药：药包直径与炮孔直径相同，药包与炮孔壁之间不留间隔。

(2) 不耦合装药：药包直径小于炮孔直径，药包与炮孔壁之间留有间隙。

(3) 连续装药：炸药在炮孔内连续装填，不留间隔。

(4) 间隔装药：炸药在炮孔内分段装填，装药之间由炮泥、木垫或空气柱隔开。

各种装药结构如图 6.14 所示。

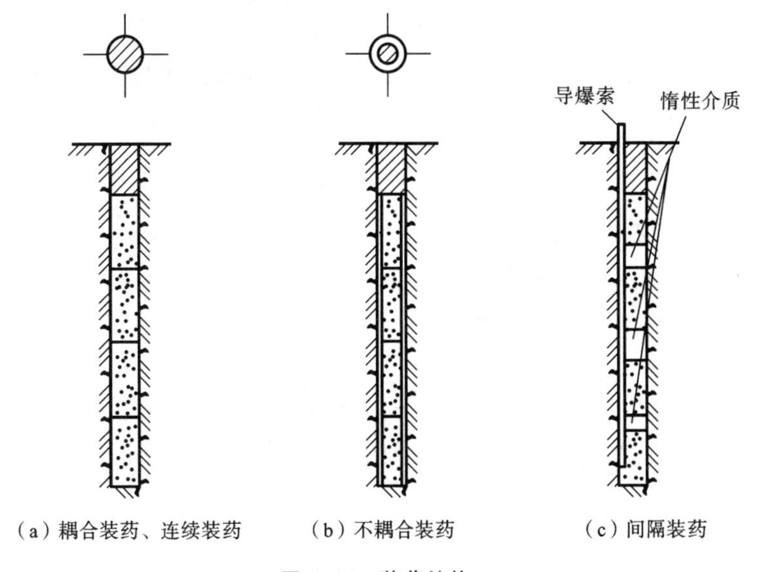

(a) 耦合装药、连续装药　　(b) 不耦合装药　　(c) 间隔装药

图 6.14　装药结构

药包与孔壁的不耦合程度常用不耦合系数来表示，即炮孔直径与药包直径的比值：

$$R_d=d/d_c \tag{6.92}$$

从式(6.92)中看出，当 $R_d=1$ 时，药包与孔壁完全耦合；当 $R_d>1$ 时，药包与孔壁不耦合,这表明药包与孔壁间存在着空气间隙。炸药与岩石的波阻抗均为空气波阻抗的 10^4 倍,在不耦合情况下爆炸能从炸药传播到空气,再由空气传播到岩石中的损失就不可避免。

不耦合装药爆破时,炸药爆炸产生冲击波,冲击波在传播过程中先后与耦合介质及岩体发生碰撞,并在介质交界面发生透射。在不同介质的交界面上,界面两侧应存在应力和位移,同时任意冲击波均满足质量、动量及能量守恒方程:

$$\rho_0(D-u_0)=\rho(D-u) \tag{6.93}$$

$$P-P_0=\rho_0(D-u_0)(u-u_0) \tag{6.94}$$

$$e-e_0=\frac{1}{2}(P+P_0)(1/\rho_0-1/\rho)+Q \tag{6.95}$$

式中:下标 0 表示波前参数,其余为波后参数;Q 为介质的比能,若介质不释放能量,则 $Q=0$;P、ρ、u、D 分别为冲击波的压力、密度、质点速度及传播速度;e 为比内能。

空气不耦合装药爆破时,炮孔壁入射压力与爆生气体的膨胀过程有关,当不耦合系数较小时,爆生气体在炮孔内仅经历等熵膨胀,此时孔壁入射压力为

$$p_i=\frac{\rho_e D^2}{2(k+1)}\left(\frac{d_c}{d_b}\right)^{2k} \tag{6.96}$$

当不耦合系数较大时,爆生气体在炮孔内经历等熵膨胀及绝热膨胀,此时孔壁入射压力为

$$p_i=\left(\frac{p_w}{p_k}\right)^{\gamma/k}p_k\left(\frac{d_c}{d_b}\right)^{2\gamma} \tag{6.97}$$

上两式中:p_i 为炮孔壁入射压力;p_w 为平均爆轰压力;p_k 为临界压力;ρ_e、D 分别为炸药密度及爆速;d_c、d_b 分别为装药直径及炮孔直径;k、γ 为绝热指数。

根据爆生气体与岩体交界面上的位移连续条件可得

$$u_i=u_t+u_r \tag{6.98}$$

式中:u_i 为入射波孔壁质点速度;u_t 和 u_r 分别为透射波及反射波孔壁质点速度。

根据波的质量守恒和动量守恒可得任意介质中波的质点速度,即

$$u_i=\sqrt{p_i\left(\frac{1}{\rho_{i0}}-\frac{1}{\rho_i}\right)} \tag{6.99}$$

$$u_r=u_i-\sqrt{(p_r-p_i)\left(\frac{1}{\rho_i}-\frac{1}{\rho_r}\right)} \tag{6.100}$$

$$u_t=\sqrt{p_t\left(\frac{1}{\rho_{t0}}-\frac{1}{\rho_t}\right)} \tag{6.101}$$

式中:ρ_{i0} 为入射波波前密度,即空气初始密度;ρ_{t0} 为透射波波前密度,即原岩密度。

多方气体的状态方程为

$$e=\frac{p\tau}{\gamma-1} \tag{6.102}$$

由气体状态方程结合反射波守恒方程可得

$$\frac{\rho_r}{\rho_i}=\frac{(\gamma+1)p_r+(\gamma-1)p_i}{(\gamma-1)p_r+(\gamma+1)p_i} \tag{6.103}$$

由交界面上应力连续条件可得

$$p_t=p_i+p_r \tag{6.104}$$

取岩石的状态方程为

$$p_t=A'\left[\left(\frac{\rho_t}{\rho_{t0}}\right)^{k'}-1\right] \tag{6.105}$$

式中：A'为常数，与岩体性质有关；k'为岩石的等熵指数。

联立式(6.98)至式(6.105)可得空气不耦合装药孔壁透射峰值压力。

6.5.2　轴向不耦合装药

在空气间隔装药爆破过程中，其爆破作用机理与耦合装药作用机理不完全相同：首先发生的是炸药起爆后爆轰波的传播及装药区爆压对围岩的作用过程，随后是爆生气体在炮孔内沿轴向运动，同时，产生的压缩波与稀疏波在孔内运动，两种应力波在孔底、堵头及孔壁之间多次反射并相互作用，最后达到一个平均压力的过程。

Melniokov 等人认为：空气层的存在导致爆炸作用过程中产生二次和后续系列加载波的作用，并导致先前冲击波造成的裂隙岩体进一步破坏。虽然空气间隔装药结构作用在炮孔上的平均压力不及耦合装药方式，但它可以通过产生的后续系列加载波的作用来达到破碎岩石的目的。他们认为系列后续加载波是由于在带有空气层炮孔里的三个冲击波阵面，即来自爆炸气体的冲击波阵面和从堵头或孔底反射引起的冲击波阵面，以不同的速度在不同的位置相互作用而产生的。围岩里的初始裂隙网络将会被这些后续加载波所提供的能量的持续作用不断扩大，该破坏效果比单一强冲击波对围岩的破坏效果好。

空气间隔装药技术在爆破作用过程中一方面降低了爆压的峰值，从而降低或避免了对围岩的粉碎作用；另一方面由于延长了爆压作用时间，从而可以获得更大的爆破冲量(爆压与爆压作用时间的乘积)，最终提高爆破的有效能量利用率。

Fourney 和 Melnikov 从实验中都观察到了在空气层置于顶层的装药结构爆炸时，当冲击波到达堵头时就会产生反射，形成反射冲击波并加强炮孔中的压力场。此反射冲击波在堵头、空气层及装药区来回传递，从而使冲击压力作用在围岩上的持续时间比耦合装药时延长 2～5 倍。但如果后续冲击波所提供的压力不能超过围岩的抗裂强度,围岩就不会被进一步破碎,因此空气层的长度必须有一个合适的比例。当然空气层所处的不同位置也会对爆破效果产生一些影响。所以要想充分利用此技术最重要的就是把握好空气层的比例及空气层所处的位置。

为了简化分析爆破作用过程,作如下假定:① 在空气间隔装药爆破过程中,仅考虑爆生气体沿孔轴向运动;② 爆炸气体为理想气体;③ 爆炸系统与外界是绝热的。

1. 空气层位于炮孔顶端的一维理论求解模型(反向起爆)

利用一维不定常流动理论来分析空气间隔装药炮孔内的压力波传播过程,将其传播过程分为几个阶段(孔底反向起爆点 A)。

第一阶段:炸药起爆及起爆后爆轰波在炸药层中一维传播,参见图 6.15 中区域①、②、④。

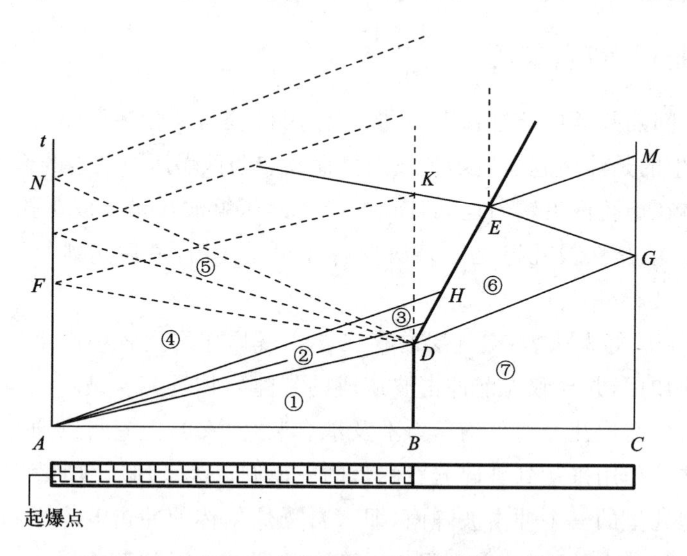

图 6.15 空气间隔装药炮孔应力波系图(反向起爆)

区域①为爆轰波波前静止区域,装药爆炸产生爆轰波波面(AD),压力由下列公式计算,即

$$p_J=\frac{\rho_e D_J^2}{\gamma_e+1} \tag{6.106}$$

爆轰波传播速度为

$$u=D_J \tag{6.107}$$

爆轰波波头的方程为

$$x=D_J t \tag{6.108}$$

式中：p_J 为 C-J 爆轰压力；ρ_e 为炸药的密度；D_J 为爆轰波的传播速度；γ_e 为爆生气体的绝热指数。

中心稀疏波②的区域范围为

$$D_J-\frac{\gamma_e+1}{2}u_J\leqslant\frac{x}{t}\leqslant D_J$$

有

$$\begin{cases}u=\dfrac{2}{\gamma_e+1}\dfrac{x}{t}-\dfrac{D_J}{\gamma_e+1}\\ c=\dfrac{\gamma_e-1}{\gamma_e+1}\dfrac{x}{t}+\dfrac{D_J}{\gamma_e+1}\end{cases}\tag{6.109}$$

式中：u 为气体运动速度；c 为声速。

其爆轰波波尾的方程为

$$x=\frac{D_J}{2}t\tag{6.110}$$

利用等熵条件，可以求出爆轰产物的其他状态参量

$$p=p_J\left(\frac{c}{c_J}\right)^{2\gamma/(\gamma-1)}\tag{6.111}$$

$$\rho=\rho_J\left(\frac{c}{c_J}\right)^{2/(\gamma-1)}\tag{6.112}$$

由以上公式可以知道，在每一固定时刻爆轰产物的运动速度 u 和声速 c 的空间分布都是线性的，当绝热指数 $\gamma=3$ 时，密度 ρ 的空间分布也是线性的，但压力 p 总是 x 的非线性函数，它随 x 的减小而迅速下降，只在爆轰波波面后不大的区域内保持较高的值。

由于爆轰边界是固壁，产物的飞散将受阻，受阻的产物将在固壁堆积并形成一个新的运动区域，见图 6.15 中的区域④，区域④中的速度为常数，是一个常态区，它与相邻的简单波区②的分界线是一条特征线，将它记作 C_+^0。显然区域④中的 β 值就等于②中的 β 值，于是在区域④中有

$$\begin{cases}u=0\\ c=\dfrac{1}{2}D_J\end{cases}\tag{6.113}$$

即区域④是静止的，它与区域②的分界线 C_+^0 的方程为

$$x=\frac{1}{2}D_Jt\tag{6.114}$$

这表明固壁的存在只影响区域$\dfrac{x}{t}\leqslant\dfrac{1}{2}D_J$ 内产物的运动。

第二阶段：爆轰波传播至空气界面，爆轰产物向空气中飞散，向空气中传入一

冲击波，向爆轰产物内传入一稀疏波，见图 6.15 中区域③、⑤、⑥、⑦。

由于起爆端是固壁，爆轰产物只能从右端 $x=l$ 的截面上向外飞散。在(x,t)平面上，可以把产物的运动划分成几个不同的区域（见图 6.15）。区域②是爆轰波后的稀疏波区，区域③是两稀疏波的相互作用区，区域④是常态区，区域⑤是简单波区。

区域⑤是简单波区，它的黎曼不变量 α 来自常态区④，对于该区，$\alpha=\frac{D_J}{2}$，故区域⑤中有 $u+c=\frac{D_J}{2}$。另外，区域⑤的 β 等于区域③的 β，于是，区域⑤的解为

$$\begin{cases} u=\frac{D_J}{4}+\frac{D_J}{2}\frac{x-l}{D_J t-l} \\ c=\frac{D_J}{4}-\frac{D_J}{2}\frac{x-l}{D_J t-l} \end{cases} \tag{6.115}$$

于是在 $x=l$ 截面上有

$$\begin{cases} u=c=\frac{D_J}{4} \\ \rho=\rho_J\ \frac{c}{c_J}=\frac{4}{9}\rho_0 \\ p=p_J\left(\frac{c}{c_J}\right)^3=\frac{1}{27}p_J=\frac{1}{108}\rho_0 D_J^2 \end{cases} \tag{6.116}$$

可见，在简单波区⑤作用的期间，端面 $x=l$ 处产物的各物理量保持为常数，不随时间变化。这说明这阶段从 $x=l$ 截面上飞出的产物将与区域⑤的作用时间长短成正比。

在区域⑤与区域④的分界线 DF 上，应同时满足两区的解，于是得 AC 的方程：$x=\frac{1}{2}(3l-D_J t)$。另外容易求出区域⑤与反射稀疏波区域的分界线 FK，它实际是直线 DF 在固壁上相对 F 点的镜面反射，故为：$x=\frac{1}{2}(D_J t-3l)$。它与 $x=l$ 的交点 D 的时间坐标 $t=\frac{5l}{D_J}$，这就是简单波区⑤对 $x=l$ 截面作用的终了时间。所以，简单波区⑤在 $x=l$ 端面上的作用时间范围为

$$\frac{2l}{D_J}\leqslant t\leqslant\frac{5l}{D_J} \tag{6.117}$$

爆轰波与空气相碰后，在空气中产生冲击波，其波后状态应满足的 $p\sim u$ 曲线的方程是

$$u=u_0+\frac{p}{\sqrt{\rho_0\left(\frac{\gamma+1}{2}p+\rho_0 c_0^2\right)}} \tag{6.118}$$

其中，下标 0 代表初始值。对于在爆轰产物中反射的稀疏波，稀疏过程中的状态应满足如下方程：

$$u=u_{J}+\frac{2c_{J}}{\gamma-1}\left[1-\left(\frac{p}{p_{J}}\right)^{\frac{\gamma-1}{2\gamma}}\right]=\frac{D_{J}}{\gamma+1}\left\{1+\frac{2\gamma}{\gamma-1}\left[1-\left(\frac{p}{p_{J}}\right)^{\frac{\gamma-1}{2\gamma}}\right]\right\} \tag{6.119}$$

由于产物飞散面两侧速度及压力连续，将它与式(6.118)联立求解，就得到反射稀疏波时界面上的压力和速度。

$$\begin{cases}u=\dfrac{D_{J}}{\gamma_{e}+1}\left\{1+\dfrac{2\gamma_{e}}{\gamma_{e}-1}\left[1-\left(\dfrac{p_{*}}{p_{J}}\right)^{\frac{\gamma_{e}-1}{2\gamma_{e}}}\right]+\dfrac{2\gamma_{e}}{\gamma_{0}-1}\left(\dfrac{p_{*}}{p_{J}}\right)^{\frac{\gamma_{e}-1}{2\gamma_{e}}}\left[1-\left(\dfrac{p}{p_{*}}\right)^{\frac{\gamma_{0}-1}{2\gamma_{0}}}\right]\right\}\\ u=u_{0}+p/\sqrt{\rho_{0}\left(\dfrac{\gamma_{0}+1}{2}p+\rho_{0}c_{0}^{2}\right)}\end{cases} \tag{6.120}$$

式中：p_{*} 取 $0.01p_{J}$；下标 0 表示空气中相应状态参量；下标 J 表示 C-J 状态参量。

图 6.16 是 $\gamma=3$ 平面上的运动波系图。因反射的稀疏波为弱波，故波后的产物运动区域②的熵等于波前区域①的熵，即等熵流动，当 $\gamma=3$ 时，该区的流动通解为

$$\begin{cases}x=(u_{2}+c_{2})t+f(u_{2}+c_{2})\\ x=(u_{2}-c_{2})t+g(u_{2}-c_{2})\end{cases} \tag{6.121}$$

这里和下面的下标代表图 6.16 中对应标号的区域。反射波波前的区域①中产物的运动的解($\gamma=3$)为：$u_{1}+c_{1}=\dfrac{x}{t}$，$u_{1}-c_{1}=-\dfrac{D_{J}}{2}$。

因冲击波是弱波，穿过它时黎曼不变量 α 连续，即 $\alpha_{1}=\alpha_{2}$，有 $u_{1}+c_{1}=u_{2}+c_{2}=\dfrac{x}{t}$，由此定出式(6.121)中任意函数 $f=0$，于是区域②中的通解为

$$\begin{cases}x=(u_{2}+c_{2})t\\ x=(u_{2}-c_{2})t+g(u_{2}-c_{2})\end{cases} \tag{6.122}$$

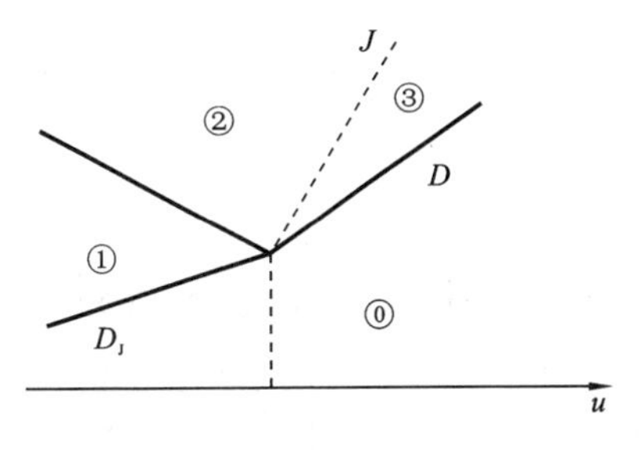

图 6.16　爆轰波与界面相互作用的波系图

式中：任意函数 g 需利用区域②的另一个边界，即图中交界面 J 上的条件确定。但是，如果只想求界面 J 的运动，而并不关心区域②中完整的解，那么根据式(6.122)中第一式即可确定界面的运动。

在介质一边，假设冲击波后介质的运动也是等熵的。因波前区域⓪是均匀静止区，故波后区域③中是简单波，它的解为

$$\begin{cases}x=(u_{3}+c_{3})t+F(u_{3})\\ \beta_{3}=\beta_{0}=\text{const}\end{cases} \tag{6.123}$$

这里将介质的状态方程采用如下形式表示：

$$p_3=A\left[\left(\frac{\rho_3}{\rho_0}\right)^n-1\right] \tag{6.124}$$

式中：n 是常数；$A=A(S)$，是熵的函数，但一般可取为常数。由式(6.124)容易求出含有声速 c 的表达式：

$$p_3=A\left[\left(\frac{c_3}{c_0}\right)^{\frac{2n}{n-1}}-1\right] \tag{6.125}$$

采用状态方程式(6.124)时，还容易求出黎曼不变量的表达式，于是式(6.122)的第二式具体是

$$u_3-\frac{2}{n-1}c_3=-\frac{2}{n-1}c_0 \tag{6.126}$$

另外，爆轰产物的状态方程是

$$p_2=A_2\rho_2^3=Bc_2^3 \tag{6.127}$$

在产物与介质的交界面上，压力及速度连续，即 $p_2=p_3$，$u_2=u_3=\frac{\mathrm{d}x}{\mathrm{d}t}$。于是由式(6.125)和式(6.127)有

$$Bc_2^3=A\left[\left(\frac{c_3}{c_0}\right)^{\frac{2n}{n-1}}-1\right] \tag{6.128}$$

因

$$c_2=\frac{x}{t}-u_2=\frac{x}{t}-\frac{\mathrm{d}x}{\mathrm{d}t} \tag{6.129}$$

由式(6.126)有

$$c_3=c_0+\frac{n-1}{2}\frac{\mathrm{d}x}{\mathrm{d}t} \tag{6.130}$$

将它们一并代入式(6.128)得到

$$B\left(\frac{x}{t}-\frac{\mathrm{d}x}{\mathrm{d}t}\right)^3=A\left[\left(1+\frac{n-1}{2c_0}\frac{\mathrm{d}x}{\mathrm{d}t}\right)^{\frac{2n}{n-1}}-1\right] \tag{6.131}$$

这就是交界面的运动方程，由此可求出交界面的运动轨迹 $x=x(t)$ 和速度 $u=\frac{\mathrm{d}x}{\mathrm{d}t}$，方程的初始条件是：$t=\frac{l}{D_\mathrm{J}}$，$x=l$。苏联科学家对以上方程进行数值求解所得到的结果可用如下关系式表示：

$$v=v_0\left(\frac{x}{D_\mathrm{J}t}\right)^k \tag{6.132}$$

式中：$v=\frac{u}{D_\mathrm{J}}$，u 是界面运动速度；$v_0=\frac{u_0}{D_\mathrm{J}}$，$u_0$ 是界面运动的初始速度；指数 k 是常数，与介质性质有关，由下式近似决定，即

$$k=1+0.02(\rho_0 c_0)^{0.24} \tag{6.133}$$

其中，ρ_0 与 c_0 是介质的初始密度和声速。

界面的初始速度 u_0 可由式(6.131)求出。根据初始条件 $t=\dfrac{l}{D_J}$，$x=l$，可得到在界面运动的起始点处有 $\dfrac{x}{t}=D_J$。于是，将界面运动的初始值代入式(6.131)，有

$$B(D_J-u_0)^3=A\left[\left(1+\frac{n-1}{2c_0}u_0\right)^{\frac{2n}{n-1}}-1\right] \tag{6.134}$$

由此式可以求出 u_0。

另外，根据产物中的解可以得到，在界面运动初始点处有 $u_{20}+c_{20}=\dfrac{x}{t}=D_J$，由此可以得到该处产物的声速 $c_{20}=D_J-u_{20}$，于是得出界面上的初始压力：

$$p_0=p_J\left(\frac{c_{20}}{c_J}\right)^3=p_J\left(\frac{D_J-u_0}{c_J}\right)^3 \tag{6.135}$$

因为 $v=\dfrac{u}{D_J}=\dfrac{\frac{\mathrm{d}x}{\mathrm{d}t}}{D_J}$，所以式(6.132)改写为

$$\frac{\mathrm{d}x}{x^k}=\frac{v_0}{D_J^{k-1}}\frac{\mathrm{d}t}{t^k}$$

对此方程在初始条件 $t=\dfrac{l}{D_J}$，$x=l$ 下求积分，得到界面运动的轨迹方程：

$$x=D_J t\left[v_0+(1-v_0)\left(\frac{l}{D_J t}\right)^{1-k}\right]^{\frac{1}{1-k}} \tag{6.136}$$

代入式(6.132)得到界面运动速度：

$$u=u_0\left[\frac{u_0}{D_J}+\left(1-\frac{u_0}{D_J}\right)\left(\frac{l}{D_J t}\right)^{1-k}\right]^{\frac{k}{1-k}} \tag{6.137}$$

其中初始速度由式(6.134)给出。

将式(6.136)、式(6.137)代入式(6.129)可以得到产物在界面处的声速：

$$c_2=\frac{x}{t}-u_2=D_J\left[v_0+(1-v_0)\left(\frac{l}{D_J t}\right)^{1-k}\right]^{\frac{1}{1-k}}-u_0\left[v_0+(1-v_0)\left(\frac{l}{D_J t}\right)^{1-k}\right]^{\frac{k}{1-k}}$$

经化简后得到

$$\frac{c_2}{D_J}=\frac{l}{D_J t}\frac{1-v_0}{\left[1-v_0+v_0\left(\frac{l}{D_J t}\right)^{k-1}\right]^{\frac{k}{k-1}}} \tag{6.138}$$

考虑到对于产物有 $\dfrac{p_2}{p_J}=\left(\dfrac{c_2}{c_J}\right)^3$ 及 $c_J=\dfrac{3}{4}D_J$，代入式(6.138)就可以求出产物在界面上的压力 p：

$$\frac{p}{p_{\mathrm{J}}}=\frac{64}{27}\left(\frac{l}{D_{\mathrm{J}}t}\right)^{3}\frac{(1-v_{0})^{3}}{\left[1-v_{0}+v_{0}\left(\frac{l}{D_{\mathrm{J}}t}\right)^{k-1}\right]^{\frac{3k}{k-1}}} \tag{6.139}$$

假如介质不可压缩则 $v_0=0$，对于可以压缩介质 $v_0>0$，在交界面开始运动的时刻，$t>\frac{l}{D_{\mathrm{J}}}$，于是可得到界面的初始压力为

$$p_0=\frac{64}{27}p_{\mathrm{J}}(1-v_0)^3 \tag{6.140}$$

求得了交界面的运动规律式(6.136)、式(6.137)之后，就可以根据它们确定产物运动通解式(6.122)中的任意函数 $g(u_2-c_2)$和介质运动的解式(6.123)中的任意函数 $F(u_3)$，从而就可以进一步求出整个区域②中产物运动的解和区域③中介质运动的解。

为了区别，现将界面上的时间和位置记作 t_* 和 x_*。由式(6.136)和式(6.137)可以得到 $t_*=t(u_*)$和 $x_*=x(u_*)$，因式(6.123)应满足界面上的条件，于是得到 $F(u_3)=x_*-(u_3+c_3)t_*$，再考虑到 β_3 的表达式(6.123)，则可得介质中的解式(6.122)最后为

$$x=(u_3+c_3)t+x_*-(u_3+c_3)t_* \tag{6.141}$$

$$u_3=\frac{2}{n-1}(c_3-c_0) \tag{6.142}$$

以上的解对于冲击波也成立，现设冲击波的坐标为 X，则有

$$\frac{X-x_*}{t-t_*}=u_3+c_3 \tag{6.143}$$

当将冲击波作弱波处理时，$D=\frac{u_3+c_3+u_{30}+c_0}{2}$，于是

$$D=\frac{\mathrm{d}x}{\mathrm{d}t}=\left(\frac{X-x_*}{t-t_*}+u_{30}+c_0\right)\Big/2 \tag{6.144}$$

对此式求积分，初始条件是 $t=\frac{l}{D_{\mathrm{J}}}$，$x=l$，积分后就得到介质中冲击波的运动轨迹 $X=X(t)$。

由界面运动方程得到区域③、⑤、⑥的解，令$\left[\frac{(v/v_0)^{(1-k)/k}-v_0}{1-v_0}\right]^{1/(1-k)}=A$，式中，$v=u/D_{\mathrm{J}}$，$v_0=u_0/D_{\mathrm{J}}$。

因区域③的 C_+ 族特征线来自区域②，于是有 $u_3+c_3=\frac{x}{t}$，区域③中稀疏波的 C_-族特征线的通解为

$$x=(u+c)t+f(u+c) \tag{6.145}$$

$$x=(u-c)t+g(u-c) \tag{6.146}$$

因区域③的 C_- 族特征线都来自中心点 $\left(l,\dfrac{l}{D_J}\right)$，所以对于式(6.146)，有

$$l=(u-c)\frac{l}{D_J}+g(u-c) \tag{6.147}$$

由此定出任意函数 $g(\xi)=l-\dfrac{\xi l}{D_J}$，于是通解的第二式为

$$u_3-c_3=\frac{x-l_e(v/v_0)^{1/k}A^{-1}}{t-l_e D_J^{-1}A^{-1}} \tag{6.148}$$

所以区域③的解为

$$\begin{cases} u_3+c_3=\dfrac{x}{t} \\ u_3-c_3=\dfrac{x-l_e(v/v_0)^{1/k}A^{-1}}{t-l_e D_J^{-1}A^{-1}} \end{cases} \tag{6.149}$$

区域⑤是简单波与其反射波的相互作用区，其 C_+ 族特征线为

$$u_5+c_5=\frac{D_J}{2} \tag{6.150}$$

因区域⑤的 C_- 族特征线来自区域③，所以解为

$$\begin{cases} u_5+c_5=\dfrac{D_J}{2} \\ u_5-c_5=\dfrac{x-l_e(v/v_0)^{1/k}A^{-1}}{t-l_e D_J^{-1}A^{-1}} \end{cases} \tag{6.151}$$

区域⑥的 C_+ 族特征线来自区域③，有

$$u_6+c_6=\frac{x-l_e(v/v_0)^{1/k}A^{-1}}{t-l_e D_J^{-1}A^{-1}} \tag{6.152}$$

区域⑥的 C_- 族特征线来自区域⑦，有

$$u_6-\frac{2}{\gamma_0-1}c_6=-\frac{2}{\gamma_0-1}c_0 \tag{6.153}$$

所以区域⑥的解为

$$\begin{cases} u_6+c_6=\dfrac{x-l_e(v/v_0)^{1/k}A^{-1}}{t-l_e D_J^{-1}A^{-1}} \\ u_6-\dfrac{2}{\gamma_0-1}c_6=-\dfrac{2}{\gamma_0-1}c_0 \end{cases} \tag{6.154}$$

空气中冲击波波速 D 的计算公式为

$$\frac{u_6-u_0}{c_0}=\frac{2}{\gamma_0+1}\left(\frac{D-u_0}{c_0}-\frac{c_0}{D-u_0}\right) \tag{6.155}$$

区域⑦为冲击波波前静止空气。

第三阶段:稀疏波在孔底反射;冲击波在堵头反射。

反射稀疏波波后的解为

$$\begin{cases} u+c=\dfrac{x}{t} \\ u-c=\dfrac{x-2l_e}{t} \end{cases} \tag{6.156}$$

反射冲击波波后的解为

$$\frac{p-p_0}{p_6-p_0}=1+\frac{2\gamma_0}{\gamma_0+1}\bigg/\left(\frac{p_0}{p_6}+\frac{\gamma_0-1}{\gamma_0+1}\right) \tag{6.157}$$

$$D_-=-\frac{\left(\dfrac{3\gamma_0-1}{\gamma_0+1}+\dfrac{p_0}{p_6}\right)\left(\gamma_0-1+\dfrac{p_0}{p_6}\right)}{\gamma_0\left(1+\dfrac{\gamma_0-1}{\gamma_0+1}+\dfrac{p_0}{p_6}\right)}D_+ \tag{6.158}$$

由于爆轰波为强入射冲击波,所以 p_0/p_6 可以忽略不计,则得到

$$D_-=-\frac{3\gamma-1}{2\gamma}\frac{\gamma-1}{\gamma}D_+ \tag{6.159}$$

由此看到,当 $\gamma=1.4$ 时,$D_-/D_+=0.38$。利用强冲击波关系式以及声速表达式 $c_6=\sqrt{\gamma p_6/\rho_6}$,可得

$$D_+=\sqrt{\frac{\gamma+1}{2}\frac{p_6}{\rho_0}}=c_6\sqrt{\frac{(\gamma+1)^2}{2\gamma(\gamma-1)}} \tag{6.160}$$

$$u_6=\frac{2}{\gamma+1}D_+=c_6\sqrt{\frac{2}{\gamma(\gamma-1)}} \tag{6.161}$$

于是,强入射冲击波在固壁上反射后,反射冲击波相对其波前介质的速度 D_--u_6 最后可表示为

$$\frac{D_--u_6}{c_6}=-\left(\frac{3\gamma-1}{\gamma}+\frac{2}{\gamma-1}\right)\sqrt{\frac{\gamma-1}{2\gamma}} \tag{6.162}$$

第四阶段:反射后的冲击波和稀疏波先后到达接触界面并在接触界面再次反射与透射,透射波与反射波在炮孔内互相作用,这些过程随着时间的推移而越来越复杂,经过多次反复作用后,炮孔内最终达到一个比较稳定的压力:

$$p=p_e\left(\frac{L_e}{L_e+L_a}\right)^{\gamma} \tag{6.163}$$

式中:p 为最终平均压力;p_e 为装药爆炸后产生的爆生气体压力;L_e 为炮孔内装药长度;L_a 为炮孔内空气层长度;γ 为爆生气体绝热指数。

2. 空气层位于炮孔顶端的一维理论求解模型(正向起爆)

前一节已经详细推导了空气间隔位于炮孔顶端、反向起爆时孔内压力历时计

算公式,下面来讨论空气间隔位于炮孔顶端、正向起爆时孔内压力历时计算公式,计算波系图如图 6.17 所示。

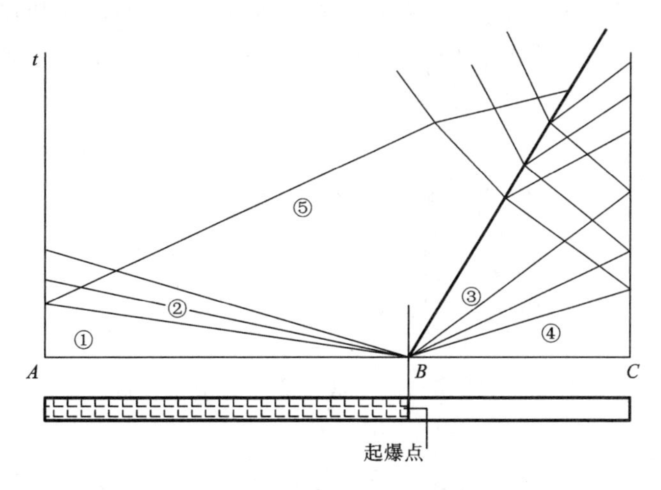

图 6.17　空气间隔装药炮孔应力波系图(正向起爆)

当炸药在 B 点起爆,即正向起爆时,引爆后爆轰波开始从该处向右边炸药中传播,同时爆轰产物将向左边空气层飞散。于是整个 C_+ 族特征线都将由同一点 $x=0,t=0$ 处发出,形成中心稀疏波,见图 6.17。因 $\beta=\text{const}$,故简单波是右行波,区域③的解是

$$x=(u+c)t+f(u) \tag{6.164}$$

$$\beta(x,t)=\text{const} \tag{6.165}$$

式中:u 和 c 是产物的质点速度和声速;$f(u)$是任意函数。

当爆轰产物采用多方指数型状态方程 $p=A(S)\rho^{\gamma}$ 时,黎曼不变量为

$$\alpha=u+\frac{2}{\gamma-1}c,\quad \beta=u-\frac{2}{\gamma-1}c \tag{6.166}$$

在爆轰波波面上,

$$\beta=\beta_{\mathrm{J}}=u_{\mathrm{J}}-\frac{2}{\gamma-1}c_{\mathrm{J}}=-\frac{1}{\gamma-1}D_{\mathrm{J}} \tag{6.167}$$

由此可定出 β 常数值。另外,由于全部 C_+ 特征线都来自坐标原点(0,0),故得 $f(u)=0$。于是

$$u=\frac{2}{\gamma+1}\frac{x}{t}-\frac{1}{\gamma+1}D_{\mathrm{J}} \tag{6.168}$$

$$c=\frac{\gamma-1}{\gamma+1}\frac{x}{t}+\frac{1}{\gamma+1}D_{\mathrm{J}} \tag{6.169}$$

再利用等熵条件,可求出爆轰产物的其他状态参量:$p=p_{\mathrm{J}}\left(\frac{c}{c_{\mathrm{J}}}\right)^{\frac{2\gamma}{\gamma-1}}$,$\rho=$

$\rho_J\left(\frac{c}{c_J}\right)^{\frac{2}{\gamma-1}}$。

根据式(6.168)和式(6.169),在每一固定时刻爆轰产物的 u 和 c 的空间分布都是线性的,它们的值正比于坐标 x。在 $\gamma=3$ 的情况下,密度 ρ 的空间分布也是线性的,但压力 p 总是 x 的非线性函数,它随 x 的减小而迅速下降,只在爆轰波面后不大的区域内保持较高的值。

在爆轰波面上 $x=D_J t$,由式(6.168)和式(6.169)得

$$\begin{cases} u=\dfrac{1}{\gamma+1}D_J=u_J \\ c=\dfrac{\gamma}{\gamma+1}D_J=c_J \end{cases} \tag{6.170}$$

这表明式(6.168)和式(6.169)满足波面条件。在 $x=D_J t/2$ 处,有

$$\begin{cases} u=0 \\ c=\dfrac{1}{2}D_J=\dfrac{\gamma+1}{2\gamma}c_J \\ p=p_J\left(\dfrac{\gamma+1}{2\gamma}\right)^{\frac{2\gamma}{\gamma-1}} \\ \rho=\rho_J\left(\dfrac{\gamma+1}{2\gamma}\right)^{\frac{2}{\gamma-1}} \end{cases} \tag{6.171}$$

在爆轰产物的运动面上,$c=340\ \text{m/s}$,$\rho=1.29\ \text{kg/m}^3$,$p=1.01\times10^5\ \text{Pa}$,爆轰产物运动面的轨迹及速度为

$$\begin{cases} x=-\dfrac{1}{\gamma-1}D_J t \\ u_f=-\dfrac{1}{\gamma-1}D_J \end{cases} \tag{6.172}$$

所以产物以常速向空气中飞散,产物所占据的空间为 $\frac{-D_J t}{\gamma-1}\leqslant x\leqslant D_J t$。另外,由式(6.168)和式(6.169),在 $x=0$ 处,不论何时($t=0$ 除外)总有 $u=-\frac{1}{\gamma+1}D_J$,$c=\frac{1}{\gamma+1}D_J$。

爆轰波后产物的整个运动区域都是稀疏区,C_+ 族特征线是直线,其方程为 $x=(u+c)t$,稀疏波波头为 $x=(u+c)t=D_J t$,波尾为 $x=u_f t=\frac{-D_J t}{\gamma-1}$。其余 C_+ 族特征线的斜率 $(u+c)$ 取 $\frac{-D_J t}{\gamma-1}$ 到 D_J 之间的任何值。C_- 族特征线的方程为

$$\frac{\mathrm{d}x}{\mathrm{d}t}=u-c=\frac{3-\gamma}{\gamma+1}\frac{x}{t}-\frac{2}{\gamma+1}D_{\mathrm{J}}$$

求积分得

$$x=-\frac{1}{\gamma-1}D_{\mathrm{J}}t+At^{\frac{3-\gamma}{1+\gamma}} \tag{6.173}$$

式中:A 是积分常数,每一条 C_{-} 族特征线对应一个 A 值,由该特征线的起点的 x 和 t 的值决定,即由方程(6.173)与爆轰波轨迹 $x=D_{\mathrm{J}}t$ 的交点决定。

当 $\gamma=3$ 时,C_{-} 族特征线是一族平行直线。产物质点的运动轨迹的方程为

$$\frac{\mathrm{d}x}{\mathrm{d}t}=u=\frac{2}{\gamma+1}\frac{x}{t}-\frac{1}{\gamma+1}D_{\mathrm{J}}$$

求积分得

$$x=-\frac{1}{\gamma-1}D_{\mathrm{J}}t+Bt^{\frac{2}{1+\gamma}} \tag{6.174}$$

式中:B 是积分常数,各条轨迹的 B 值由各质点开始运动的 x 和 t 的值决定。

在装药层右端面,$x=l$,为一固壁,当爆轰波碰到固壁时将向爆轰产物中反射一个冲击波,记冲击波速度为 D_1,波后各量都以下标"1"标记,反射冲击波前的状态为 u_{J}、p_{J}、ρ_{J} 等。根据冲击波关系式

$$(u-u_0)^2=\frac{2\tau_0(p-p_0)^2}{(\gamma+1)p+(\gamma-1)p_0}=\frac{2\tau(p-p_0)^2}{(\gamma+1)p_0+(\gamma-1)p}$$

可以写出:

$$u_1-u_{\mathrm{J}}=-\sqrt{\frac{2\tau_{\mathrm{J}}(p_1-p_{\mathrm{J}})^2}{(\gamma+1)p_1+(\gamma-1)p_{\mathrm{J}}}} \tag{6.175}$$

这里根号前取负号是因为反射冲击波向左传播。考虑到 $\sqrt{2p_{\mathrm{J}}\tau_{\mathrm{J}}}=\frac{\sqrt{2\gamma}D_{\mathrm{J}}}{\gamma+1}$,式(6.175)可以化为

$$u_1=\frac{D_{\mathrm{J}}}{\gamma+1}\left[1-\sqrt{2\gamma}\frac{\frac{p_1}{p_{\mathrm{J}}-1}}{\sqrt{\frac{(\gamma+1)p_1}{p_{\mathrm{J}}}+(\gamma-1)}}\right]$$

因反射面是固壁,故 $u_1=0$,则由上式得到

$$\frac{p_1}{p_{\mathrm{J}}}=\frac{5\gamma+1+\sqrt{17\gamma^2+2\gamma+1}}{4\gamma} \tag{6.176}$$

再利用于戈尼奥关系式,得波后密度关系式为

$$\frac{\rho_1}{\rho_{\mathrm{J}}}=\frac{4\gamma^2+\gamma+1+\sqrt{17\gamma^2+2\gamma+1}}{2(2\gamma^2+\gamma-1)} \tag{6.177}$$

对于反射冲击波的速度，根据冲击波基本关系式$(D-u_0)^2=\frac{\rho}{\rho_0}\frac{p-p_0}{\rho-\rho_0}=\tau_0^2\frac{p-p_0}{\tau-\tau_0}$，可得到

$$D_1=-\frac{D_J}{\gamma+1}\left[\sqrt{\frac{\gamma}{2}}\sqrt{\frac{(\gamma+1)p_1}{p_J}+(\gamma-1)}-1\right] \tag{6.178}$$

当γ改变时，p_1的值改变不大，而ρ_1和D_1的值改变较明显。

反射冲击波波后的熵增为

$$S_1-S_J=c_V\ln\frac{p_1}{p_J}\left(\frac{\tau_1}{\tau_J}\right)^{\gamma}=c_V\ln\eta$$

根据式(6.176)、式(6.177)，当取$\gamma=3$时有$\eta=1.04$，而取$\gamma=1$时有$\eta=1$。可见熵增可以忽略不计，反射冲击波可以当作弱冲击波处理。在弱波近似下，穿过冲击波面黎曼量保持不变，在这里是α不变，即

$$u_1+\frac{2}{\gamma-1}c_1=u_J+\frac{2}{\gamma-1}c_J$$

在固壁处波后的$u_1=0$，于是

$$c_1=c_J+\frac{\gamma-1}{2}u_J=\frac{3\gamma-1}{2(\gamma+1)}D_J \tag{6.179}$$

考虑到弱冲击波可以用简单波解作近似，有

$$\begin{cases}\dfrac{p_1}{p_J}=\left(\dfrac{c_1}{c_J}\right)^{\frac{2\gamma}{\gamma-1}}=\left(\dfrac{3\gamma-1}{2\gamma}\right)^{\frac{2\gamma}{\gamma-1}}\\[2ex]\dfrac{\rho_1}{\rho_J}=\left(\dfrac{c_1}{c_J}\right)^{\frac{2}{\gamma-1}}=\left(\dfrac{3\gamma-1}{2\gamma}\right)^{\frac{2}{\gamma-1}}\end{cases} \tag{6.180}$$

冲击波速度取一阶近似时为

$$D_1=\frac{1}{2}(u_1-c_1+u_J-c_J)=-\frac{5\gamma-3}{4(\gamma+1)}D_J \tag{6.181}$$

因反射冲击波将在非均匀状态的爆轰产物中传播，故冲击波速度是不断变化的。虽然可以将冲击波当作弱波处理，但因波前不是均匀区，故波后流场不是简单波。分析如下：

当取$\gamma=3$时，对于波后的一维等熵流动可以写出通解

$$\begin{cases}x=(u+c)t+f(u+c)\\x=(u-c)t+g(u-c)\end{cases} \tag{6.182}$$

式中：任意函数f、g由边界条件决定。

根据弱波近似，在穿过这里的反射冲击波时黎曼不变量α是连续的。在$\gamma=3$时，$\alpha=u+c$。将波前流场中的α记作α_0，则根据爆轰产物中的解可以得到$\alpha_0=\frac{x}{t}$，

在冲击波上 α 连续，即 $\alpha=\alpha_0$，于是在波上和波后有 $u+c=\dfrac{x}{t}$，将其代入式(6.182)得出 $f=0$，于是通解的第一式为 $x=(u+c)t$。

另外，在固壁上任何时刻都有 $x=l$，$u=0$，于是通解的第二式应满足 $l=-ct+g(-c)$，再考虑到在 $t=\dfrac{l}{D_J}$时刻，固壁处产物的 $c=c_1$，由式(6.181)得到 $c=D_J$，将这里的 t 和 c 代入通解的第二式可得到 $l=\dfrac{-D_J l}{D_J}+g(-D_J)$，由此得到 $g=2l$。于是通解的第二式为

$$x=(u-c)t+2l$$

所以，得反射冲击波波后流场中的解为

$$\begin{cases} u=\dfrac{x-l}{t} \\ c=\dfrac{l}{t} \end{cases} \tag{6.183}$$

可见反射冲击波波后产物的声速与空间坐标 x 无关，也就是说在反射波与固壁之间的整个流场中，声速的空间分布是均匀的，从而压力的空间分布也是均匀的，它们的值只随时间单调下降。

对于 $\gamma=3$ 的多方气体，有 $p=p_1\left(\dfrac{c}{c_1}\right)^3$，将式(6.179)、式(6.180)和式(6.183)代入得到

$$p=\frac{64}{27}p_J\left(\frac{l}{D_J t}\right)^3 \tag{6.184}$$

按弱波近似，反射冲击波速度可取为

$$D_1=\frac{1}{2}(u-c+u_0-c_0) \tag{6.185}$$

这里，u_0 和 c_0 是波前流场中的产物速度和声速，它们由爆轰产物的解算出。在 $\gamma=3$ 的情况下，得 $u_0-c_0=-\dfrac{D_J}{2}$，再利用波后流场中的解可以得到反射冲击波运动轨迹的方程：

$$D_1=\frac{x-2l}{2t}-\frac{D_J}{4} \tag{6.186}$$

根据已知的 D_1，容易求出反射冲击波运动轨迹，方程为$\dfrac{dx}{dt}=D_1(x,t)$，冲击波的起点是 $t=\dfrac{l}{D_J}$，$x=l$。在这个初始条件下对式(6.186)积分，得反射冲击波运动轨迹为

$$x=-\frac{1}{2}D_{\rm J}t-\frac{1}{2}\sqrt{lD_{\rm J}t}+2l \tag{6.187}$$

另外,由爆轰产物的解得到药柱左端产物自由面的飞散速度和轨迹为

$$u=-\frac{1}{\gamma-1}D_{\rm J},\quad x=ut=-\frac{1}{\gamma-1}D_{\rm J}t$$

当取 $\gamma=3$ 时,$u=-\frac{1}{2}D_{\rm J}$,$x=ut=-\frac{1}{2}D_{\rm J}t$,将这两式与式(6.187)联立可以计算出反射冲击波追到左端自由面的时间和位置为

$$t=\frac{16l}{D_{\rm J}},\quad x=-8l$$

实际上反射冲击波是不会追上自由面的,因为当冲击波接近自由面时,它的速度将衰减到接近自由面的速度,两者将保持平行运动。

再利用等熵条件,可求出爆轰产物的其他状态参量。

反射后的冲击波先到达接触界面并在接触界面再次反射与透射,冲击波随后与透射的稀疏波相遇,冲击波和稀疏波强度减弱,而后透射波与反射波在炮孔内互相作用,这些过程随着时间的推移而越来越复杂,经过多次反复作用后,炮孔内最终达到一个比较稳定的压力(同式(6.163))。

3. 空气层位于炮孔中央的一维理论求解模型

当空气层位于炮孔中部、两端同时起爆时,其炮孔内应力波系如图 6.18 所示。从图中可以看出:在冲击波到达炮孔中部以前,两端的应力解与空气间隔位于顶端

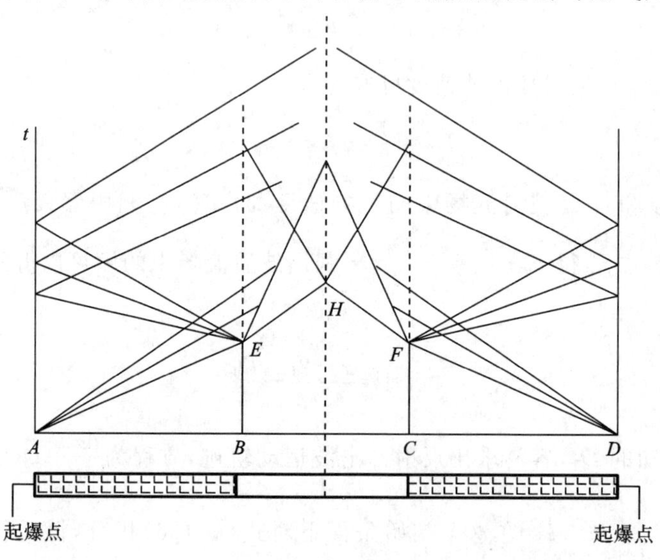

图 6.18　空气间隔装药炮孔应力波系图(空气层位于中部)

的解一致；当两相对冲击波在炮孔中部相碰时，此处压力突然增大，然后向各自相反方向反射冲击波，如图6.19所示。

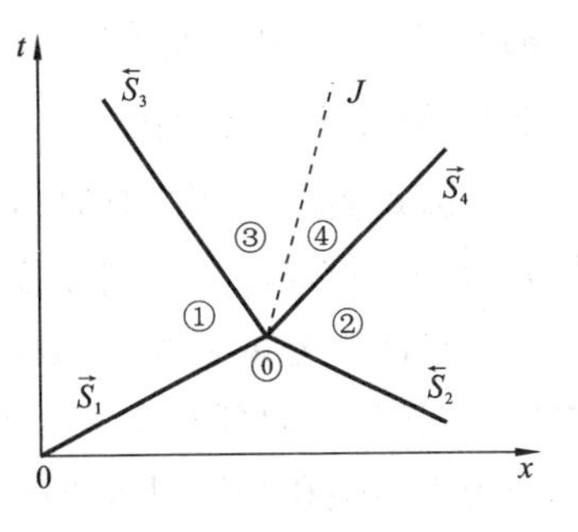

图6.19 两冲击波对碰

有

$$L_1^l:\quad u_3=u_1-(p_3-p_1)\Bigg/\sqrt{\frac{\gamma+1}{2}\rho_1\left(p_3+\frac{\gamma-1}{\gamma+1}p_1\right)} \tag{6.188}$$

$$L_2^r:\quad u_4=u_2+(p_4-p_2)\Bigg/\sqrt{\frac{\gamma+1}{2}\rho_2\left(p_4+\frac{\gamma-1}{\gamma+1}p_2\right)} \tag{6.189}$$

连续条件为

$$\begin{cases}u_3=u_4=u_{\mathrm{m}}\\ p_3=p_4=p_{\mathrm{m}}\end{cases} \tag{6.190}$$

根据以上四个方程可以求出 u_{m} 及 p_{m}，即 u_3、u_4、p_3、p_4。由于两端起爆后，其冲击波压力相同($\vec{S}_1=\overleftarrow{S}_2$)，因此 $u_3=u_4$，$p_3=p_4$；即第一次冲击波在孔中部相碰时时，其解与一端固壁相碰时一致，再用相应的冲击波关系式，求出区③与区④中的其他各量，问题就全部得到解决。

随着时间的推移，冲击波在分界面分别反射与透射，再与两端反射后的稀疏波相互作用，同样经过多次反复作用后，炮孔内最终会达到一个比较稳定的压力。

当空气层位于炮孔底端时，如起爆点设于孔顶，其孔内应力波的传播规律与空气层位于炮孔顶端一样，只是方向有所变化。

6.6 微差爆破

在实际爆破工程中，每次爆破一般都会同时爆破很多炮孔，少则十几个，多则上百个。由于早期爆破器材的限制(使用火雷管、瞬发电雷管)，很难准确控制各个炮孔的起爆顺序，爆破效果不佳，爆破危害较大。为了改进爆破效果，降低爆破危害，人们发明了延期雷管。利用毫秒表延期雷管来控制炮孔顺序起爆的方法，称为微差爆破。随着延期雷管精度的提高，目前电子雷管的延期精度可以控制在1 ms以内，为微差爆破的应用提供了广阔的空间。

6.6.1 微差爆破的机理

微差爆破可以明显提高岩石的爆破效果，显著降低爆破危害，特别是爆破震动危害，目前已广泛应用于各类爆破工程，国内外学者都对微差爆破的机理进行了大量的研究,综合国内外的研究成果,微差爆破的基本原理有以下几点。

1. 形成新的自由面

微差爆破时,先起爆的炮孔爆破后,可以为后起爆的炮孔提供新的自由面。我们知道,岩石爆破时,在同样装药情况下,自由面越多,爆破效果越好。

以排间微差爆破为例,如图 6.20 所示,本来平行于自由面的一排六个炮孔,如果同时起爆,它们各有两个自由面。但采用微差爆破,首先爆破孔号为 1 的炮孔,孔号为 1 的炮孔起爆时各有两个自由面,当孔号为 1 的炮孔起爆后,就会形成图 6.20 所示的爆破漏斗,为后起爆的孔号为 2 的炮孔提供了两个新的附加自由面,由于新的自由面出现,待爆岩石的挟制作用减小,有利于爆炸波反射的自由面增加,更加有利于岩石的破碎。

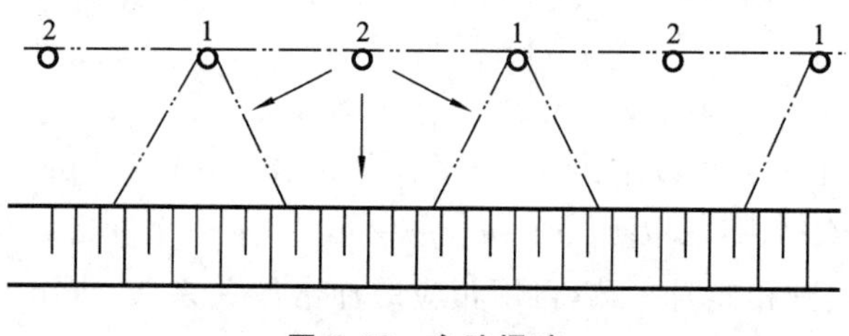

图 6.20　台阶爆破

2. 应力波的作用

微差爆破的延期时间较短,一般认为,在合理的微差爆破时间间隔内,先起爆的炮孔所产生的爆炸应力场尚未消失,会与后起爆的炮孔产生的应力波在岩石内产生叠加,使得叠加区内应力增强,从而增强后起爆炮孔的爆破效果。

3. 岩块间的相互碰撞作用

这种理论认为,在合理的微差间隔条件下,后起爆的炮孔爆破时,先起爆的炮孔产生的岩块还未落地,会与后起爆炮孔形成的岩块在空中产生碰撞,进一步引起岩石的破碎。

4. 微差爆破的减震机理

微差爆破不仅可以改善岩石的破碎质量,提高爆破质量,而且可以大大降低爆破震动的速度,其原因有以下几点。

1)减少了一次起爆的药量

微差爆破时,多炮孔依次起爆,虽然微差爆破的时间间隔不长,但爆炸波本身的运动速度和衰减率都很高,持续时间较短。采用微差爆破时,不同段别的炮孔起爆时,爆炸波的初始压力肯定不可能相遇叠加。这样将炮孔分段起爆,大大降低了一次同时爆破的药量，从而显著降低了同样距离处爆炸波的强度，降低了爆破震动。

2）相反相位震动的叠加

这种观点认为，如果微差爆破的时间间隔设置得恰好合适，可能会实现前面炮孔爆破产生的应力波与后面炮孔爆破产生的应力波的波峰与波谷之间的叠加，从而降低爆破震动的水平。

3）提高了炸药能量的利用率

这种观点认为，微差爆破提高了破碎质量，改善了爆破效果，即当炸药爆炸后有更多的能量消耗于岩石的破碎，从而减小了地震波的能量和强度。

6.6.2　微差爆破的间隔时间

微差爆破的效果，除了与炮孔的装药参数、起爆方式和起爆顺序有关外，还与微差爆破的延迟时间有着重要关系。由于爆破本身的复杂和不确定性，现在还没有一个能精确计算微差爆破间隔时间的方法，目前有以下几种确定微差爆破间隔时间的方法。

1. 根据应力波干涉假说计算

根据应力波干涉假说，波克罗夫斯基给出了能够增加爆破效果的合理延期时间 Δt：

$$\Delta t=\sqrt{a^2+4\omega^2}/c_p \tag{6.191}$$

式中：a 为炮孔间距，m；ω 为最小抵抗线，m；c_p 为岩石中的纵波速度，m/s。

2. 按自由面假说计算

哈努卡耶夫认为，后爆孔以先爆孔刚好形成爆破漏斗，且爆岩脱离岩体 0.8～1.0 cm 为宜，此时的微差爆破间隔时间 Δt 为

$$\Delta t=t_1+t_2+t_3=2\omega/c_p+L/c_1+B/v_r \tag{6.192}$$

式中：t_1 为弹性波传播至自由面并返回的时间，s；t_2 为形成裂缝的时间，s；t_3 为破碎岩石离开岩体的距离为 B 的时间，s；L 为裂缝长度，m，$L\approx1.4\omega$；B 为裂缝宽度，m，$B=0.008\sim0.01$ m；c_1 为岩石裂缝扩展平均速度，m/s，$c_1\approx c_p$；v_r 为岩石运动平均速度，m/s。

3. 以经验公式计算

1）长沙矿冶研究院提出的公式

$$\Delta t=(20\sim40)\omega/f\quad(\text{ms}) \tag{6.193}$$

式中：f 为岩石的坚固性系数。

2）瑞典的 U. Langefors(兰格弗斯)提出的公式

$$\Delta t=3.3k\omega \tag{6.194}$$

式中：k 为除最小抵抗线外，取决于其他因素（岩石性质、炸药种类等）的系数，$k=1\sim2$。

3）苏联矿山部门采用的公式

$$\Delta t=k'\omega(24-f)\quad(\mathrm{ms}) \tag{6.195}$$

式中：k'为岩石裂隙系数，对于裂隙不发育的岩石，$k'=0.5$，对于裂隙中等发育的岩石，$k'=0.75$，对于裂隙发育的岩石，$k'=0.9$。

近年来，对于各国采用的微差爆破事件：美国 $\Delta t=9\sim12.5$ ms；瑞典 $\Delta t=3\sim10$ ms；加拿大 $\Delta t=50\sim75$ ms；法国 $\Delta t=15\sim65$ ms；英国 $\Delta t=25\sim30$ ms；苏联和我国 $\Delta t=25$ ms。

由于岩石的复杂性、爆破参数的不均匀性，以及爆破器材性能的差别，合理的微差爆破的间隔时间应该在一个区域和范围内变化，不应该是一个定值。

6.7 反向起爆与正向起爆

在岩石爆破时，如果将起爆药包放在炮孔孔口位置，则称为孔口起爆或正向起爆，如果将起爆药包放在炮孔孔底位置，则称为孔底起爆或反向起爆。

大量的实践表明，岩石爆破采用反向起爆时，破碎较充分，与正向起爆相比，大块率可下降 10%左右，因此孔底起爆技术已广泛应用于矿山和其他深孔爆破工程，对于反向起爆优于正向起爆的机理，许多人做过研究，较流行的解释有：① 反向起爆提高了应力波的作用效率，反向起爆叠加的高压应力波消耗于岩石破碎，正向起爆叠加的高压应力波被无限岩体所吸收；② 反向起爆增大了应力波的动压和爆轰气体静压的作用时间；③ 反向起爆增大了孔底的破坏作用，因为反向起爆时爆轰产物对孔底的作用时间较长，所以岩石破碎较均匀。

但笔者认为，关于反向起爆优于正向起爆的原因，除了以上三点外，质点的运动方向和裂纹的扩展方向也有着重要的影响。

6.7.1 正、反向起爆对比问题的提出

人们之所以认为反向起爆与正向起爆相比增大了应力波的动压和爆轰产物静压的作用时间，是因为人们普遍将应力波从自由面反射后传播到炮孔装药顶端 A（见图 6.21）的时间看作炮孔与外界贯通、爆轰产物泄漏的时间。按此观点，爆轰产物反向起爆时比正向起爆时作用时间长 Δt，即

$$\Delta t=l_{药}/D \tag{6.196}$$

式中：Δt 为反向起爆与正向起爆爆轰产物的作用时间差，s；$l_{药}$ 为装药长度，m；D 为炸药爆速，m/s。

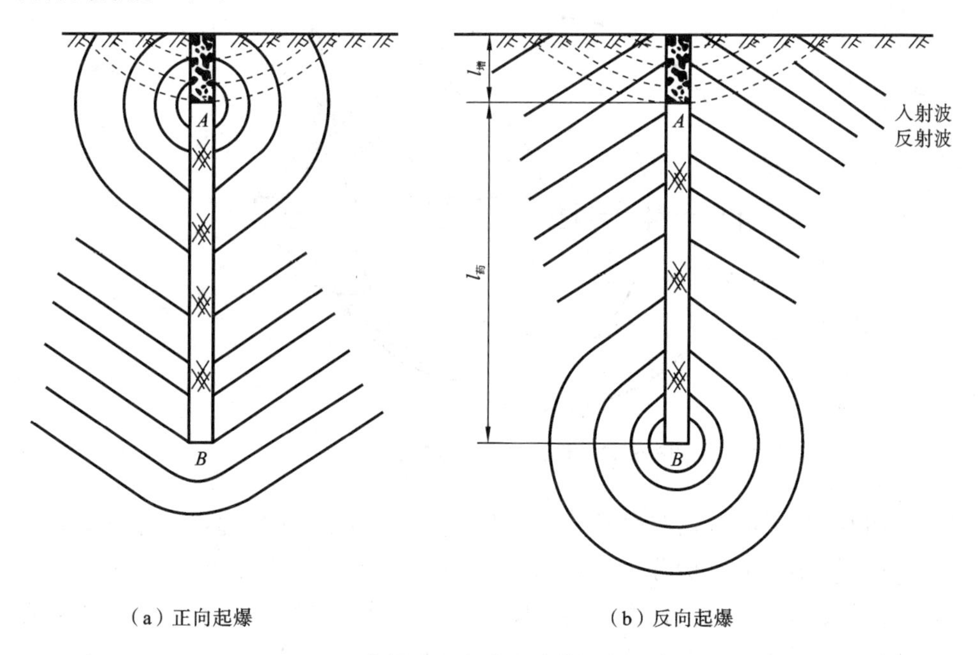

(a) 正向起爆　　(b) 反向起爆

图 6.21　起爆方向与应力波传播方向的关系

实际上，应力波从自由面反射传到 A 点的时间，并不是炮孔与自由面贯穿的时间，只有当从 A 点产生的裂缝与反射波在自由面引起的裂纹连通时，才产生炮孔与外界的贯穿。在岩石爆破中，裂缝的平均扩展速度 v 远小于应力波的速度 c_p。理论研究表明，在任何介质材料中，裂缝尖端的最大扩展速度都小于材料的瑞利波波速，并且裂缝的扩展速度与应力波的作用强度有关，应力波强度愈高，裂缝的平均扩展速度愈大。对于延长药包，由于它的几何形状特征，故从一端起爆时，炸药在岩体中激发出的应力分布如图 6.22 所示。如将药包简单地分为五个等长的短药柱，即 x_1、x_2、x_3、x_4、x_5，并且假定爆速和应力波的速度都不变。从图 6.22 可以看出，爆轰完成后，在 AB 方向上的各点，若应力波的波速是恒定的，且炸药的爆轰是向相反方向进行的，则各个短药柱引起的应力波在 AB 方向上的叠加作用很小。在 AC 方向上，由 x_1、x_2 引起的应力波在 C 点叠加。在 AD 线上的 D 点，应力是由 x_2、x_3、x_4 产生的应力波的叠加。同理可知，在被 C、O、E 和 CE 弧所圈定的区域内，由于药包各部分产生应力波的叠加而形成了高应力区；相反，由 C、B、E 和 CFE 弧所圈定的区域为低压应力区。计算表明，D 点周围的应力可达 AB 方向上应力的 20 倍，C 点应力约为 AB 方向上应力的 15 倍。

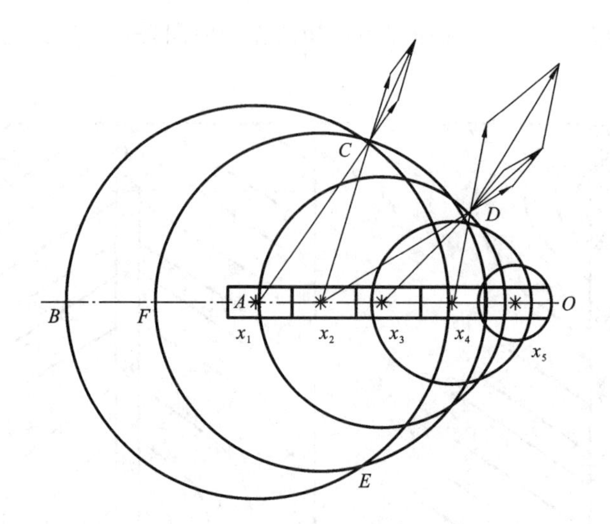

图 6.22　延长药包爆破的应力分布

如图 6.21 所示,反向起爆时高压应力区传向自由面,正向起爆时低压应力区传向自由面。根据前面的分析,由于应力波强度的关系,正向起爆时自 A 点产生的向自由面扩展的裂缝的速度应小于反向起爆时爆炸波到达 A 点后引起的裂缝向自由面扩展的速度。遗憾的是,目前还没有关于在动加载情况下,裂缝的扩展速度与应力波强度之间对应的精确计算公式。但已有人在这方面作了实验研究,王修勇等研究了天然大理石在爆炸载荷作用下裂缝的扩展速度,得出裂缝的平均扩展速度在(220～518)m/s 之间的结论。

假定有一炮孔深 11 m,装爆速 $D=3200$ m/s 的硝铵炸药,装药长度 $l_{药}=9$ m,堵塞长度 $l_{堵}=2$ m,则在正向起爆时,裂缝自装药顶部向自由面的平均扩展速度 $v=300$ m/s,在反向起爆时,裂缝自装药顶部向自由面的平均扩展速度 $v^*=500$ m/s。那么正向起爆时,炮孔与外界贯穿的时间 $t=l_{堵}/v=2/300$ s$=0.0067$ s。反向起爆时,炮孔与自由面贯通的时间 $t^*=l_{药}/d+l_{堵}/v^*=(9/3200+2/500)$ s$=0.0068$ s。

两者的时间差 $\Delta t=t^*-t=0.0001$ s。$\Delta t/t=0.0001/0.0067=1.5\%$,即正向起爆与反向起爆相比,两者爆轰产物向外泄漏的时间相差很小。

上面的算例虽然很粗糙,但它定性地说明了正向起爆与反向起爆相比,在有堵塞的情况下,由于向自由面扩展速度的差别,两者爆轰产物向外界泄漏的时间相差并不大,可能相差很小,因此其爆轰产物对炮孔的静压作用时间也差不多。故笔者认为,尽管爆轰产物的静压对岩石的破坏起着重要作用,但爆轰产物的静压在反向起爆和正向起爆中所起的作用,并不能完全依据其向外泄漏的时间长短来确定。

6.7.2　反向起爆和正向起爆破岩过程的比较

岩石的破碎是应力波和爆轰产物共同作用的结果。首先，高强度的爆炸波使岩石产生裂缝，然后爆轰产物使裂缝进一步扩展，并最终将破碎的岩石抛出。应力波的作用可用波阵面上应力的强度和介质的质点速度描述。其中质点的运动方向对岩石的破坏也起着重要作用。

1. 反向起爆和正向起爆应力波的强度对岩石破碎效果的影响

由炸药的破岩机理可知，炸药起爆后，在岩石中向外传播一个高强度的爆炸波，在距炮孔中心(2～3)R_w 的范围内，垂直于爆炸波的法向应力高于岩石的动态抗压极限，岩石被压碎。岩石介质所受的切向应力，在应力波到达的瞬间为压应力，但由于岩石的切向膨胀，切向应力很快变为拉应力。因为一般岩石的动态抗压极限均远高于其动态抗拉极限，所以当压应力不再能使岩石破碎时，切向拉应力却可以产生垂直于波阵面的裂缝。

由图 6.21 可以看出，反向起爆时，经过叠加的高强度应力波向自由面传播，其波阵面上的切向拉应力高，产生的径向裂缝多；经自由面反射后，反射波的法向应力由入射波的压应力变为拉应力，反射的高强度拉应力会使岩石产生剥落，并可使早期的裂缝进一步扩展。而对于正向起爆，传向自由面的应力波强度较低，产生的径向裂缝少，经自由面产生的反射波强度也低，引起剥落和使早期裂缝扩展的能力都差，裂缝数目和扩展能力的降低都会使爆破大块率增加。

2. 反向起爆和正向起爆岩石质点的运动对破碎效果的影响

质点的运动对破碎块度的影响可以从两个方面考虑。

首先是质点运动速度的大小对破碎块度的影响。有

$$u=\frac{\sigma}{\rho c_p} \tag{6.197}$$

式中：u 为岩石的质点运动速度，m/s；σ 为应力波的强度，Pa；ρ 为岩石的密度，kg/m^3；c_p 为岩石中应力波(纵波)的传播速度，m/s。

如图 6.23 所示，对于反向起爆，A 点以上部分，高压应力波向自由面传播，波阵面上应力高，岩石质点运动速度大，与高强度的反射波叠加后，速度变得更大；A 点以下，B 点以上部分在初始爆炸波的作用下，岩石介质质点的运动方向也是倾斜向上的，与反射波叠加后质点速度增加。

对于正向起爆，A 点以上传向自由面的应力波强度低，质点运动速度小，与弱强度的反射波叠加后，速度增加不大；A 点以下部分，在初始爆炸波的作用下，岩石的质点运动方向是倾斜向下的，与反射波叠加后质点速度不增大反而减小。岩石

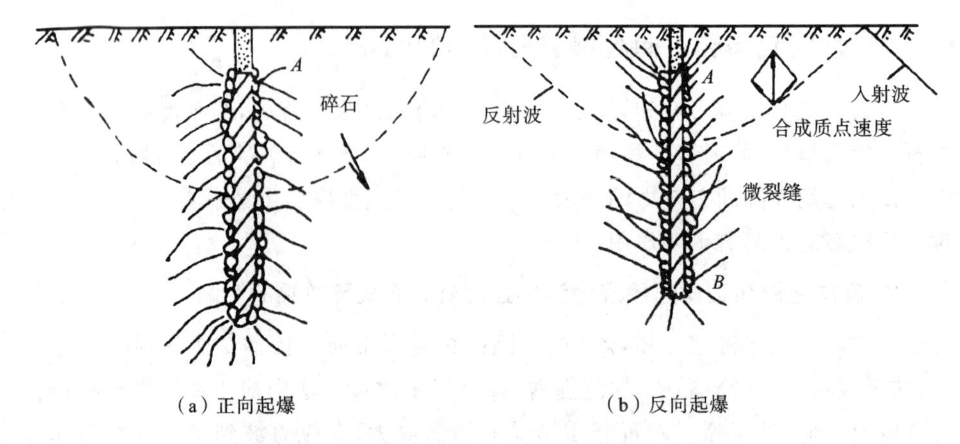

（a）正向起爆　　（b）反向起爆

图 6.23　起爆方向与裂纹方向及质点运动的关系

介质质点的运动速度越大，对裂缝的扩展作用越大；在有相邻炮孔同时爆破时，运动速度较高的岩石裂块与其他碎块相撞，还可以产生进一步的碎裂。

其次是质点的运动方向。对于正向起爆，由于 A 点以下岩石介质质点倾斜向下运动，微裂纹也倾斜向下发展，不利于裂缝的扩展和碎块的抛掷。另外，倾斜向下发展的裂纹也不利于和自由面及反射波所引起的裂缝的贯通，对岩石的破碎也就不利。而反向起爆与正向起爆相反，它自孔底以上的所有介质质点都倾斜向上运动，裂缝也倾斜向上发展，这就既有利于裂缝的扩展，也有利于裂缝和自由面及反射波所产生的裂纹的贯通，有利于岩石的破碎。

3. 反向起爆和正向起爆裂缝的方向对爆轰产物作用的影响

爆炸波阵面上的法向压应力引起岩石的破碎，切向拉应力使炮孔周围产生径向裂纹，但裂缝产生的同时也产生周围介质的卸载作用。因此，炸药爆炸后，爆轰产物的静压本身并不能产生多少新的裂缝，但高温高压的爆轰产物会向径向裂缝中渗透，其气楔作用对裂缝的进一步扩展起着重要影响。然而并不是所有的径向裂缝都能受到爆轰产物的气楔作用。由于法向的高压，破碎区的岩石被压得很碎，这些碎石会堵塞许多径向裂缝，只有那些没有被堵塞或者没有被完全堵塞的裂缝才能受到爆轰产物的气楔作用。

对于反向起爆，爆炸波产生的裂纹倾斜向上，本身不容易被堵塞。当反射波返回时，由于反射波的强度高，且与入射波的合成速度大，因此所有裂缝的宽度都将得到不同程度的拉大，一些初始被堵塞的裂纹会重新露出，使爆轰产物得以渗入，很多裂缝得以扩展。而对于正向起爆，A 点以下裂纹倾斜向下，本身较容易被堵塞；又因其反射波强度低，合成方向不利，质点运动速度小，裂缝被拉大重新露出的数目少，所以受到爆轰产物气楔作用的裂缝就少。因此，相对反向起爆而言，正向起爆的裂缝得以和自由面及周围炮孔产生的裂纹贯通的数目少，爆破后岩石的块度就大。

思考题

1. 在有自由面的岩土中爆炸时，造成爆炸地震波的双源传播机理是什么？

2. 当药包爆炸时，其产生的爆炸效应是如何随着药包与地表的位置变化的？

3. 请从应力波的角度来分析爆破漏斗的形成原理。

4. 文中改进的岩石钻孔爆破破坏分区模型分了哪几个区？其分区依据是什么？

5. 轴向空气间隔装药爆破的破岩机理是什么？

6. 台阶微差爆破的基本原理是什么？

7. 请解释反向起爆优于正向起爆的机理。

参考文献

[1]　朱红兵. 空气间隔装药爆破机理及应用研究[D]. 武汉：武汉大学，2006.

[2]　冷振东. 岩石爆破中爆炸能量的释放与传输机制[D]. 武汉：武汉大学，2017.